放射性废物管理立法研究丛书

国外放射性废物管理组织机构研究

刘新华　主编

生态环境部核与辐射安全中心

中国环境出版集团·北京

图书在版编目（CIP）数据

国外放射性废物管理组织机构研究/刘新华主编. —北京：
中国环境出版集团，2020.12
（放射性废物管理立法研究丛书）
ISBN 978-7-5111-4478-2

Ⅰ. ①国… Ⅱ. ①刘… Ⅲ. ①放射性废物—废物管理—
组织机构—研究—国外 Ⅳ. ①TL94-2

中国版本图书馆 CIP 数据核字（2020）第 205341 号

出 版 人　武德凯
责任编辑　董蓓蓓
责任校对　任　丽
封面设计　宋　瑞

出版发行　中国环境出版集团
　　　　　（100062　北京市东城区广渠门内大街 16 号）
　　　　　网　　址：http://www.cesp.com.cn
　　　　　电子邮箱：bjgl@cesp.com.cn
　　　　　联系电话：010-67112765（编辑管理部）
　　　　　发行热线：010-67125803，010-67113405（传真）
印　　刷　北京中科印刷有限公司
经　　销　各地新华书店
版　　次　2020 年 12 月第 1 版
印　　次　2020 年 12 月第 1 次印刷
开　　本　787×1092　1/16
印　　张　14
字　　数　210 千字
定　　价　65.00 元

编委会

主　编

刘新华

副主编

张　宇　魏方欣

编著人员

张　宇　王春丽　何　玮　徐春艳　刘　敏

李静晶　张红林

> 放射性废物管理立法研究丛书

序

　　我国放射性废物管理工作与核工业相伴而生，随着核能与核技术利用的发展而不断壮大。经过五十多年的努力，老旧核设施退役与废物处理取得了较大进展，初步形成了与之相匹配的处理处置能力；高放废物地质处置地下实验室正在建设，研究工作正在稳步推进；核电厂废物处理设施健全，实现了"三同时"。

　　习近平总书记强调，"老旧核设施、历史遗留放射性废物等风险不容忽视"。我国放射性废物管理面临安全风险不断加大的严峻挑战，安全管理压力不断增加。我国早期建设的核设施已逐渐进入退役高峰期，不仅已积存大量低、中放遗留废物，而且其退役还会产生更大量的放射性废物。中放废物处理和中等深度处置尚处于概念阶段，亟待加强管理并实现安全处置。核电低放废物处置场落地困难，核电废物处置去向悬而未决。部分核电厂固体废物超出其贮存寿期和暂存库设计容量，借助其他新建核电厂的废物库暂存，暂存风险与日俱增。核技术利用发展迅速，产生大量废放射源等核技术利用废物。废放射源由于整备和处置路线未定而大量积存。这些问题与核能和核技术发展需求严重不适应，更造成较大安全潜在风险。

　　自 2016 年以来，在潘自强、柴之芳等院士的组织和支持下，依托中国工程院重点咨询项目和中国科学院学部评议项目，生态环境部核与辐射安全中心牵头的研究团队承担了放射性废物管理法律法规体系研究和放射性废物环境安全问题及对策研究工作，从体制机制和长期安全角度，对国内外放射性废物管理的现状与问题进行了系统梳理和分析，提出专门法律的缺失是放射性废物管理严重滞后于核能发展、处置问题难以解决且愈加突出的关键因素。起草的《关于尽快制定〈放射性废物管理法〉的建议》《关于完善我国放射性废物处置组织机构体系的建议》等多份院士建议，得到国家领导和相关部委领导高度重视，

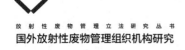
领导批示要求研究落实放射性废物管理立法工作。在上述研究和建议的推动下，国家相关部委和核工业界对制定放射性废物管理专门法律形成共识。

（1）放射性废物管理的复杂性、系统性、长期性需要专门立法。放射性废物从产生、处理、贮存，到处置及处置后的长期监护，涉及环节多、周期长、管理层级繁杂、系统性强。我国放射性废物来自早期核工业、核能、核技术利用和矿产资源开发利用等多个重要领域，范围广、数量大，具有巨大的长期潜在危害。放射性废物若管理不善，将对生态环境产生难以估量的严重损害，造成资源的重大损失，并危及社会稳定。因此，有必要制定放射性废物管理法，构建系统、完善、专门的责任与规范体系，防范长期安全风险，推动放射性废物管理与核能事业同步发展，维护国家长久安全。

（2）专门立法有助于明确放射性废物管理基本原则。放射性废物的潜在危害可持续几百年到上万年，甚至百万年，保护后代、不给未来人类造成不适当负担是国际原子能机构放射性废物管理的基本原则之一。同时，放射性废物管理涉及中央政府、地方政府、废物产生单位和处理处置单位等，只有明确界定各自责任，才能保证放射性废物及时安全处理处置。只有制定放射性废物管理法，才可以充分确立放射性废物管理代际公平和责任划分等基本原则。

（3）专门立法有利于建立和完善放射性废物管理基础性制度。放射性废物管理资金涉及核设施退役基金的提取，固体废物处置收费办法，处置设施建设、运行资金及关闭后长期监护基金管理，环境补偿机制等。责任主体众多，涉及政府，废物产生单位、处理单位和处置单位；时间周期长，涉及当代和未来。放射性废物管理资金管理体系复杂，需要通过放射性废物管理法建立。

（4）专门立法是完善核与辐射领域法律体系，切实保证依法、高效、合理管理放射性废物的需要。现行《核安全法》《放射性污染防治法》和正在征求意见的《原子能法》，从总体核安全、放射性污染防治和核领域综合性管理的角度对放射性废物做出了原则性规定，但基于其定位、功能和性质，不能对放射性废物全寿期、全要素、全流程的复杂问题进行系统、完整、具体的规范。从国际上看，有核国家均有放射性废物管理的法律。法国是世界上核领域法律体系最完善的国家，实现了能源自主、安全、独立，电价稳定和环境安全。因此，我国亟待制定放射性废物管理法，进一步完善核领域法律体系。

（5）专门立法是确保国家安全的需要。我国放射性废物当前主要来源于早期核工业，退役缓慢，存在厂房外环境污染，潜在安全风险极大。当前我国在建核电机组居世界第一，核电和后处理产生的中低放和高放废物不断增加。核技术和放射性同位素应用将产生大量放射性废物。铀矿和稀土等矿产资源开发范围广、数量大，存在潜在危害。放射性废物如何有效管理已成为全社会普遍关注的重大问题，若处理处置不当，将危及国家安全。目前，对放射性废物的处理处置，国务院有关部门、地方人民政府和相关企业意见不统一，甚至存在矛盾冲突，亟待制定放射性废物管理法，有效管理放射性废物，解决上述问题，消除国家安全隐患。

（6）专门立法是提升我国核实力的需要。经过多年发展，我国放射性废物管理工作取得了一定成绩，但总体进展缓慢、整体技术水平较低，成为核能发展中的"卡脖子"问题。放射性废物处理处置技术复杂、政策性强，需要社会参与和专业化公司运营，应充分利用社会资源，发挥专业技术优势，促进技术创新和事业发展，以进一步提高放射性废物管理的安全水平和技术能力。我国应制定放射性废物管理法，完善体制机制，以创新驱动发展，推动突破、掌握核心技术，进一步提升国家核实力。

（7）专门立法是国际履约和促进国际合作的需要。十届全国人大常委会第二十一次会议批准加入《乏燃料管理安全和放射性废物管理安全联合公约》，我国成为该公约的缔约国。制定放射性废物管理法是公约对缔约国的要求，我国政府已经做出承诺。制定放射性废物管理法，履行国际承诺，有利于树立我国负责任核大国形象，也有利于促进国际交流与合作，更有利于国内放射性废物管理水平的持续提升。

2019 年 3 月，生态环境部核与辐射安全中心设立放射性废物管理立法研究课题，全面开展放射性废物管理立法论证和相关制度设计的研究工作，推动放射性废物管理法纳入全国人大立法计划。立法研究课题组依托院士和业内资深专家，组织开展放射性废物管理立法调研，起草放射性废物管理法草案，并联合中国核电发展中心、海军研究院、中国核电工程有限公司、中核清原公司、中国辐射防护研究院、大亚湾核电环保有限公司等单位专家，对立法必要性和可行性、与现有法律的关系、责任划分、低放废物处置、资金支持等 40 多个专题开展论证研究，形成 40 多份研究报告。课题组编制完成的《放射性废物管理现状调研报告》获得中国科协 2019 年"全国十佳调研报告"称号，《关于尽快制定〈放射性废物管理法〉的建议》获国家领导批示并要求开展立法工作，得到生态环境部、国防科工局、国家能源局等相关部门的支持，推动放射性废物管理立法向前迈出坚实一步。公众也希望有一部规范放射性废物管理行为的法律尽快出台，十三届全国人大二次会议和三次会议均有多个议案建议制定放射性废物管理专门法律。制定放射性废物管理法已具备广泛社会基础。

习近平总书记强调，只有实行最严格的制度、最严密的法治，才能为生态文明建设提供可靠保障。因此，应通过制定放射性废物管理法对放射性废物全寿期、全要素、全流程

的复杂问题做出系统、完整、具体的规范。

（1）明确处置责任划分。明确省级地方政府为核电低放废物处置的责任主体，具体负责处置设施的选址和长期监护；核电企业承担废物处置所需的所有费用；建立问责机制，推进低放废物区域处置场和集中处置场建设，加快解决核电废物处置难题。

（2）建立和完善放射性废物管理组织机构。在国务院现有机构框架下，组建放射性废物管理执行机构，统一负责全国放射性废物管理的顶层设计和统筹规划，组织实施高放废物和中放废物的地质处置。

（3）编制并实施国家放射性废物管理计划。明确放射性废物管理计划的编制主体和程序，建立计划实施的评估机制。

（4）完善放射性废物管理资金保障制度。明确资金来源、管理主体、使用范围和方法等，为放射性废物管理研发，处置设施选址、建造、运行、关闭和关闭后监护以及跨区域补偿等提供资金保障。

（5）建立公众参与机制。建立完善的沟通协商机制和信息公开制度，保障放射性废物处置设施选址、建造、运行，特别是长期监护中的公众知情权，增强公众信心，妥善引导公众合理表达诉求。

为更好地推动放射性废物管理立法工作，课题组联合中国核电发展中心、海军研究院、中国原子能科学研究院、中核战略规划研究总院和深圳中广核工程设计有限公司等单位专家编制了"放射性废物管理立法研究丛书"。丛书内容包括国外放射性废物管理法律概述、国内放射性废物管理、国外放射性废物管理、国外放射性废物管理组织机构、放射性废物处理处置技术等方面，为放射性废物管理立法论证和相关制度设计提供全面技术支持。

在放射性废物管理立法研究和丛书编著过程中，得到生态环境部核与辐射安全中心放射性废物管理立法论证研究项目、北京世创核安全基金会、核设施退役及放射性废物治理科研项目"低中放废物处置法规标准体系和管理机制研究"的支持，以及潘自强院士、胡思得院士、柴之芳院士、赵成昆、杨朝飞、翟勇、刘森林、曲志敏、赵永康、赵永明、林森、杨永平、吴恒等专家的指导、支持和帮助。值此，对上述领导和专家表示衷心感谢和崇高敬意。

限于我们知识水平，难免存在不妥之处，望读者批评指正。

刘新华

2020 年 11 月

前　言

　　自 20 世纪 50 年代开始，核能与核技术已经逐步在国防、医疗、能源、工业、农业、科研、教育等领域得到应用，为我国经济发展起到了积极作用。在应用过程中，放射性废物管理的问题越来越突出。放射性废物与核事故并列为影响核能发展的两大主要安全问题。由于放射性废物的潜在危害可持续几百年到上万年，乃至百万年，因此放射性废物的处置涉及代际公平和长期安全。我国放射性废物处置工作始于核工业发展之初，经过半个多世纪的发展，在体制机制建设、法规标准制定和技术研发等方面取得了一定进展。但随着核能快速发展，各类放射性废物产生量急剧增加，低放废物处置能力严重不足、中放废物处置尚未开展研发、高放废物处置研发力量不足等问题愈显突出，放射性废物贮存风险与处置压力与日俱增。

　　我国现有放射性废物处置主体责任不清，管理职责分散在多个部门，职权交叉重叠，管理层级低、人员力量严重不足，资金支持制度不完善，且缺少执行机构，体制机制的诸多问题是放射性废物管理的制约因素。更深层的原因是各方对放射性废物管理工作认识不到位、重视程度不够。

　　为此，本书对美国、英国、法国、俄罗斯和德国等有核电国家的

放射性废物管理组织机构体系进行调研，旨在为完善我国放射性废物处置管理体制机制、解决我国放射性废物处置难题、保障核能可持续健康发展提供重要参考。

第 1 章简要介绍了我国放射性废物管理的现状和存在的问题；

第 2 章总体介绍了国外放射性废物管理组织机构体系；

第 3 章介绍了美国放射性废物管理组织机构；

第 4 章介绍了英国放射性废物管理组织机构；

第 5 章介绍了法国放射性废物管理组织机构；

第 6 章介绍了俄罗斯放射性废物管理组织机构；

第 7 章介绍了德国放射性废物管理组织机构；

第 8 章简要介绍了其他国家放射性废物管理组织机构；

第 9 章对国外放射性废物管理组织机构做了比较分析，并提出了对我国放射性废物管理机构建设的启示。

第 1 章由何玮编写，第 2 章由魏方欣、徐春艳编写；第 3 章由张宇、魏方欣编写；第 4 章由王春丽、刘敏编写；第 5 章由徐春艳、王春丽编写；第 6 章由张宇、李静晶编写；第 7 章由魏方欣、张红林编写；第 8 章由何玮、张宇编写；第 9 章由魏方欣编写。全书由张宇、魏方欣校核，刘新华审稿。

在本书的编制过程中，丛书编写组的其他同志提出了许多宝贵的意见，谨向他们表示感谢。

本书可供从事放射性废物管理、环境影响评价、核法律等领域的研究、设计和审评人员参考，也可作为大专院校相关专业的参考教材。

虽然在编写过程中反复斟酌和努力，但由于时间紧迫和水平所限，书中难免有不足之处，恳请广大读者提出宝贵意见，以便再版时修改完善。

编　者

2020 年 11 月

目　录

第 1 章 ◇

概

述

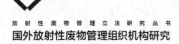

放射性废物与核事故并列为影响核能发展的两大主要安全问题，放射性废物的潜在危害可持续几百年到上万年，甚至百万年，因此放射性废物处置涉及代际公平和长期安全。我国放射性废物处置工作始于核工业发展之初，历经 50 多年发展，在法规标准制定、体制机制建设和技术研发等方面取得了一定进展。

随着核能快速发展，各类放射性废物产生量急剧增加，环境风险日益增大。我国在建、运行核电机组达 56 个，居世界第三位，而且还在快速增长。目前，核电机组运行产生的低放固体废物已积存数万立方米，且以每年数千立方米的速度递增。退役废物量通常为运行废物量的 3～5 倍。军工设施遗留各类长寿命中放废物累积近万立方米，高放废液累积几千立方米，设施的陆续退役还将产生大量放射性废物。核技术利用发展迅速，国家废旧放射源集中贮存库和各省（区、市）核技术利用放射性废物暂存库已收贮废旧密封源达 15 万枚，在用和未来使用放射源数量远大于此。根据我国核电发展规模，乏燃料年产生量近 1 000 t，到 2020 年总量将达到 1 万 t。乏燃料处理项目实施在即，预期产生大量高放、中放、低放等各类放射性废物。上述废物均在设施内暂存，尚未实施处置，对人员和环境的潜在风险逐年增加。

放射性废物处置压力与日俱增，但处置能力建设严重滞后，核电厂放射性废物处置场址缺失、中放废物处置场址未启动、高放废物处置场址未确定，大量放射性废物在设施或场址内暂存，大大增加了环境潜在风险和经济代价。我国放射性废物管理存在诸多问题的原因包括法律法规不完善、技术研发能力不足和专项资金缺失等，但体制机制的不完善是深层原因之一。为此，通过对我国体制机制现状分析和美国、法国、俄罗斯、英国、德国等国家良好实践的借鉴，本书提出落实国家和地方责任、设立专门管理机构、提升管理层级、增强人员力量等完善我国放射性废物管理组织机构的建议，加快放射性废物管理工作进展，以逐步适应核能发展需求。

第 2 章 ◇

国外放射性废物管理组织机构体系综述

同普通工业产业链一样，放射性资源的利用也会产生废物。放射性资源利用包括发电、工程（无损检测、料位测量、石油测井等）、医学诊断和治疗及原子能研究活动等。为了与《乏燃料管理安全和放射性废物管理安全联合公约》[①]的条款相匹配，国际原子能机构（IAEA）组织了一次研究活动，参加研究活动的成员国确定了一个目标，即保证在乏燃料（SNF）和高放废物（HLW）管理的所有阶段都有有效的措施来消除潜在的危险。最终目的是保护个人、社会和环境，使他们免受电离辐射的有害影响，同时保障子孙后代的长远利益。

IAEA 邀请了拥有 2 座以上正在运行商用反应堆的国家参加研究活动，发出了相关问卷，有 20 个国家做出了回答，它们是：比利时、保加利亚、加拿大、捷克、芬兰、法国、德国、匈牙利、日本、韩国、立陶宛、荷兰、俄罗斯、斯洛伐克、南非、西班牙、瑞典、瑞士、英国和美国。

上述国家之间交换信息，使得 IAEA 有能力将成员国的信息成功汇编，特别是通过研究为执行放射性废物管理所构建的组织机构体系，可以给那些正在构建或有意愿改进自己组织机构体系的国家提供经验。

2.1　放射性废物管理组织架构

IAEA 的研究项目要求成员国提供一幅简图，描述该国高放废物或乏燃料长期管理中各种立法、执行、监督机构的情况。各国提供的组织结构多种多样，因此用各成员国提供的原始图片来进行比较是非常困难的，为此，本书对成员国提供的原始图片按照突出组织机构的执行功能的原则进行了修改。涉及的组织机构的功能作用如下：

- **政策和法律**：负责制定政策、法规和其他决策，一般为包含政府官员的国家级机构；
- **审管当局**：负责高放废物或乏燃料管理的审管机构（政府机构）；

---

① 《乏燃料管理安全和放射性废物管理安全联合公约》（Joint Convention on the Safety of Spent Fuel Management and on the Safety of Radioactive Waste Management，JCSSFMSRWM）于 1997 年 9 月 5 日在外交会议上通过、1997 年 9 月 29 日在 IAEA 大会上开放供签署。该公约在 25 个国家（包括 15 个有 1 座核动力堆的国家）向 IAEA 交存了批准书、接受书或核准书后 90 天，于 2001 年 6 月 18 日生效。当时的 25 个缔约国是阿根廷、保加利亚、加拿大、克罗地亚、捷克、丹麦、芬兰、法国、德国、希腊、匈牙利、爱尔兰、拉脱维亚、摩洛哥、荷兰、挪威、波兰、罗马尼亚、斯洛伐克、斯洛文尼亚、西班牙、瑞典、瑞士、乌克兰、英国，当时这 25 国中没有俄罗斯、美国、中国、印度、巴基斯坦、日本、比利时、巴西等重要国家。该公约涉及军用材料的条件是：①军用材料已永久地转为纯民用，并在此计划内管理；②被宣布为适用本公约的乏燃料或高放废物。

·**执行机构**：负责执行高放废物或乏燃料管理任务的机构（政府下属、政企联合体、私企等）；

·**咨询（监督）机构**：由政府任命，为政策制定者提供咨询或对执行机构的科技活动进行指导；

·**资金管理机构**：负责高放废物或乏燃料资金的管理。

对各个国家情况的具体分析表明，对于高放废物或乏燃料的管理工作，多数国家建立了"三分离"原则：即在制定政策和立法、审管活动、执行活动三种功能方面分别设置机构。在某些国家（保加利亚、加拿大和英国）已经完成或正在进行放射性废物管理组织机构设置的变更工作，以便将来更好地进行如何处理这些问题的政策方面的考虑。目前，各种现象表明这些国家正在依据"三分离"原则发生变化。同样地，组织机构体系也有朝向设立分离的、独立的监督实体，以及独立的经费管理机构转变的迹象。

监督机构的任务是为政策制定者和执行机构就放射性废物管理计划的整体或计划中的个别活动提供建议。这些监督机构的工作重点包含两个方面：规划和计划的战略层面，以及规划和计划的执行层面。这些监督机构也可为审管当局提供咨询。

2.1.1　执行机构的功能

填写调查表的许多国家都设立了单独的执行机构，但国与国之间执行机构的功能和责任是不尽相同的。

在芬兰、日本和美国，设立的执行机构专职为高放废物或乏燃料处置服务。而在另一些国家，如比利时、法国、西班牙、瑞典，设立的执行机构有广泛的责任，包括在地质处置库开发期的乏燃料的长期贮存，长寿命低放、中放废物的处置，将来由核电站退役产生的废物和高放废物或乏燃料的处置。

俄罗斯的放射性废物处置任务分配到好几个部门去执行，这些机构是由相关的政府部门指派的。

2.1.2　执行机构的类型

表 2-1 列出了 3 种不同类型的执行机构。韩国和英国还没有决定它们的执行机构是否由政府机构来承担。

表 2-1 执行机构的类型

已经设立的	将来准备设立的
国家或中央政府管理部门	
德国［环境、自然保护和核安全部（BMUB）的辐射防护办公室（BfS）承担处置的责任，德国废物处置设施建造和运行公司（DBE）被授权分包执行处置任务］	
美国能源部民用放射性废物管理办公室（OCRWM）	
南非核能公司（NECSA）	
政府所属公司	
比利时国家放射性废物与浓缩裂变材料管理当局（ONDRAF/NIRAS）	
捷克放射性废物库管理局（RAWRA）	
法国国家放射性废物管理局（ANDRA）	保加利亚
立陶宛国家企业放射性废物管理处（RATA）	
匈牙利放射性废物管理公共有限公司（PURAM）	
俄罗斯原子能部机构（Minatom institutions）	
私人公司（某些公司只是部分的私人公司）	
芬兰波西亚公司（Posiva Oy）	
日本核废物管理机构（NUMO）	
荷兰放射性废物中央管理机构（COVRA）	
斯洛伐克电力公司（Slovak Electric Plc.）	加拿大
西班牙放射性废物管理局（ENRESA）	
瑞典核燃料与废物管理公司（SKB）	
瑞士国家放射性废物处置联合公司（NAGRA 和 ZWILAG）	

2.2 国际放射性废物管理相关实践

2.2.1 法律法规

不同的国家在法律法规上采取了不同的解决方法，以规范或调整各自在放射性废物和乏燃料管理上的需求。任何一个国家解决法律法规问题的途径完全取决于该国的具体情况。

某些国家（瑞典）的放射性废物管理相关法规条款只是更宽范围法律法规的一部分，这些法律法规覆盖了核领域的大部分，甚至覆盖了环保领域。

另一些国家（法国、日本、立陶宛、美国）设有专门用于放射性废物管理的法律法规。加拿大也正在考虑制定专门的法规来管理放射性废物。

2.2.2 废物流

各成员国对长期内必须处理的放射性废物的类型和数量进行了估算。该估算是基于假定的反应堆数量、核反应堆总输出功率和反应堆寿期等进行的。对于那些采用一次通过式策略的国家，乏燃料（SNF）的数量以燃料制造时加入金属铀的数量（单位：t）来表示。而由于高放废物（HLW）容器容量、各个后处理设施产生的物料性能以及在 SNF 中的放射性核素量（取决于 SNF 的燃耗）的差别，一般来说不可能根据后处理所给定的 SNF 数量来精确测算出 HLW 数量。因此，对于采用核燃料闭式循环策略的国家，在 HLW 数量里标示的数量是两种，即 HLW 的体积数，或者是 HLW 玻璃固化后的废物容器数。

本书涉及的国家里有 8 个国家（比利时、法国、德国、日本、荷兰、俄罗斯、瑞士、英国）现在在本国或外国（至少有一部分在外国）对 SNF 进行后处理。瑞士计划把部分 SNF 直接处置。在德国，根据 2000 年政府与私人公司之间达成的协议，2005 年 1 月以前产生的 SNF 送去后处理，2005 年 1 月之后产生的 SNF 去直接处置。

表 2-2 列出了 IAEA 研究项目参与国家的可获得的将被处置的 HLW 和/或 SNF 的预测数据。

表 2-2 待处置的 HLW 和/或 SNF 的数量

国家	核电堆数 运行	核电堆数 停堆	堆运行寿期/年	SNF/t	HLW/m³	备注
比利时	7	—	40	70	2 200	后处理
				4 320	4 700	直接处置
保加利亚	6	—	—	—	—	—
加拿大	14	8	不等	360 万组坎杜组件，76 000 组其他 SNF	0	到 2030 年的产生量
捷克	6		40	3 724	0	到寿期的量
芬兰	4	—	40～60	2 600～4 000	0	到计划执行完的产生量
法国	59	11	—	15 000	3 500	在役反应堆和其他燃料循环设施的产生量
德国	19	18	不等	9 000	22 000	到寿期的量，HLW 含外包装
匈牙利	4	—	30	—	—	
日本	51	1	—	0	约 40 000 罐	到 2020 年的量，以前一罐约 1.35 t SNF
韩国	16	—	约 40	34 000	0	到 2040 年的量

国家	核电堆数		堆运行寿期/年	SNF/t	HLW/m³	备注
	运行	停堆				
立陶宛	2	—	22 和 30	约 3 000	0	到 2017 年反应堆停运
荷兰	1	1	—	约 40 m³	约 70	预计到未来 100 年的量
俄罗斯	30	—	30～40	—	—	
斯洛伐克	6	1	35	约 2 500	0	到寿期的量
南非	2	—	40 或 50	约 1 900	0	到寿期的量
西班牙	9	1	40	约 6 750	约 80	到核电站（NPP）寿期，1983 年用开路燃料循环
瑞典	11	1	不等	约 9 000	0	按瑞典的计划估算
瑞士	5		40 或更长	约 1 800	约 1 000	到反应堆寿期的量
英国	35	10	30～45	—	约 1 890	根据 2013 年的量预测
美国	103	15	40	83 500（商用堆）2 100（其他堆）	640 t SNF 商用，5 000 个国防废物包（每个废物包中含 4～5 个废物包装容器）	到 NPP 寿期，105 000 t SNF 来自现役 NPP，如果寿期延长也已考虑在内了

2.2.3 建议的处置库

大多数成员国都计划建设一座地质处置库来处置自己的 HLW 和/或 SNF，但各自计划执行所处的阶段却差别很大。

来自成员国的信息表明，各国都打算在本国内建设处置库，处置库的容量一般都是基于在 2.2.2 节中所描述的废物流进行设计的。多数国家设想的处置库的容量将能满足接收各自已经产生和现有核设施将要产生的高放废物或乏燃料的要求。而日本计划建设的处置库容量是基于经济性考量的。具体而言，日本的法规要求处置库的容量应在经济规模的临界点上，即如果在这点之上再增加其容量，单位体积废物的处置成本不会再降低。

部分国家要求废物管理执行机构明确法律法规推荐的处置库的概念和容量，之后由政府部门来评价和批准。在美国，处置库的容量是由法律（Law）限定的，而在日本，处置库的容量和概念都是由法规（Legislation）限定的。

比利时、芬兰、俄罗斯、瑞典和美国都已经详细说明了一个处置库场址，或者一个具体的候选场地。

与此同时，各国一直持有一种设想，即在一定的条件下，鼓励各国通力合作，集中使用某一国的处置库设施来安全有效地处置各国的 SNF 和/或 HLW，尤其是由跨国合作项目产生的废物。

2.2.4　管理的时间表

各国的执行时间表存在明显差异，主要是因为所有国家尚处于 HLW 和/或 SNF 长期管理计划执行的早期阶段。有些国家已经决定长期暂存其高放废物或乏燃料，直到 21 世纪后期尽可能晚的时候再另想办法。所有参与问卷调查的国家情况概括如下：

——有具体时间表的国家有 5 个，分别是芬兰、日本、俄罗斯、瑞典和美国；

——正在计划在大约 10 年内制定 HLW 和/或 SNF 处置政策的国家，也有一个时间表，这些国家有 10 个，分别是比利时、加拿大、捷克、法国、德国、匈牙利、韩国、斯洛文尼亚、西班牙和瑞士，这 10 个国家将来很可能向两极分化。

——已经决定拖延其 HLW 和/或 SNF 处置计划进程几十年，并且在此期间长期贮存其 HLW 和/或 SNF 的国家有 5 个，分别是保加利亚、立陶宛、荷兰、南非和英国。

各国负责制定时间表的机构不一样。有的国家是政府负责制定处置计划的节点（在某些情况下包括由法规来规定），而在另一些国家，时间表是由执行机构来研究开发的，随后由政府进行评价和批准。

2.2.5　处置库的选址

2.2.5.1　场址选择的流程

大多数国家正在使用或打算使用一种场址选择流程，按照该流程操作，初筛出一些备选场址，以后随着备选场址更加详细的特性信息的收集，被考虑的场址数量将逐渐减少，各国通常是按照 IAEA 安全丛书 No.111-G-4.1《地质处置设施的选址》来描述场址特性的。No.111-G-4.1 描述了一个包含 4 个阶段的典型选址流程（即概念研究和计划、区域调查、场址特性研究、场址确定）。然而，成员国实际执行时并不总是按 No.111-G-4.1 所说的那样分为 4 个阶段，而且国与国之间阶段的定义也明显不一致。某些国家（日本、美国）选址的方法是由法规进行规定的。而另一些国家（芬兰、瑞典、瑞士）的选址战略已经由执行机构开发出来，并经过了政府的评审和认可。

一些国家在场址选择中正在打算或已经采用地下研究实验室（URL），按计划这些地下研究实验室的使用主要有两个基本方面：

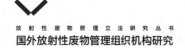

——方法学设施：有些国家（加拿大、瑞典、瑞士）正在用或打算用地下研究实验室来开展研究和开发，向公众公开地评价地质处置库的工艺、验证地质处置的寿期。此种地下研究实验室不一定建设在处置库候选场址内。

——场址特性设施：已经列有选址计划的多数国家正打算利用地下研究实验室研究备选场址特性，以进一步确认该场地建造的处置库可以安全地运行。日本打算在一些地下设施里进行场址特性调查，以便最终确认推荐的处置库的适应性，此外他们还将在方法学层面对地下研究实验室设施开展研究工作。美国在选出尤卡山场址之前也完成了类似的场址特性研究活动。芬兰、瑞典通过打钻孔完成了备选场址的调查，将来要在推荐的处置库场址上打巷道来作进一步调查。俄罗斯表示，如果不能发现并证明在较早期选址过程已经完成的活动中所获得的信息是足够充分和有用的，那么其也打算在场址选择之前在一些地下研究实验室中进行调查。法国目前正在 Bure 地下研究实验室实施研究和开发计划。

2.2.5.2　选址标准的开发

各国的情况证实了各国选址标准是不一样的。一些项目参与国家的工作还没进展到足以描述其所用的选址流程的深度。尽管如此，那些已经详细说明了场址选择流程的国家似乎是采取了下列 3 种通用方式中的一种来开发选址标准，即：

——方式 1：政府（实际上是审管当局）负责制定各阶段（stage）或各期（phase）的选址标准，如捷克、法国、德国、匈牙利、日本、立陶宛和瑞士。

——方式 2：执行机构负责制定初始阶段或初期的场址筛选的标准（即在候选场址的最终确定之前的阶段或时期）。政府评价这些标准并根据这些标准完成调查，如比利时、芬兰和瑞典。

——方式 3：审管当局负责制定选址标准，而执行机构负责制定标准使用的导则（guideline）。这些标准和导则在机构之间协调整合，如美国。

通常，许多国家考虑的标准和导则强调了下列内容：地质构造的特性（大小和深度）、地壳构造活动（火山活动、地震或断层运动）、放射性核素迁移的机理（地下水）、环境影响、地下的自然资源、靠近处置库的上游的核燃料循环设施、靠近人口稠密区。有些国家的标准里还有对地区公众可接受性的要求。

在大多数国家，决策者、受影响者以及利益相关方在选址过程的每个阶段都会通过获取处置库性能评价的结果而得到关于处置库可接受性的信息。

2.2.5.3   在选址各阶段/时期进行决策的一般程序

场址选择的程序在各国很不一样，不能用一个简单的理由来解释。尽管如此，通常在一个阶段或一个时期之后，进一步往前推进的决策一般是由政府做出的，也包括在执行机构收集了信息并进行了广泛的、全面的调研之后在负责 HLW 和/或 SNF 处置的政府部门参与下做出的决策。

许多国家在机制上给予了广大公众和受影响的地方政府的代表发表他们对场址选择过程的看法和意见的机会。作为这类国家的代表，加拿大、日本、瑞士和美国在选址过程的每一个阶段或时期都提供这种机会，包括由执行机构举行的听证会和演示会，然后让公众和地方政府发表他们的看法和意见。捷克、芬兰和瑞典等国家则是在对推荐场址开始进行物理勘测（或者通过地表，或者通过打孔勘查）之前给公众和地方政府提供发表意见的机会。

2.2.5.4   地方政府的作用

地方政府（当局）是比联邦政府或中央政府级别低的任何一级政府（在德国是州，在日本是府（县）和市，在瑞士是社区或州，在瑞典是市或自治州，在美国是州和县）。

在建造处置库之前必须获得许多审批和许可，不仅是联邦政府或中央政府的，还包括地方政府的。这些审批和许可着重强调两方面：核安全和其他的主题（如地区土地利用计划）。

各国地方政府在废物处置决策过程中的作用差别很大。有些国家，地方政府的作用是由法规规定的；而另一些国家，与地方政府打交道的事情交给执行机构来处理。

与地方政府打交道的一种通用的机制是准备环境影响评估（EIA）报告。地方政府参与 EIA 的过程，通常是要求执行机构邀请地方政府的代表对评估报告进行研究并提出意见、做出评价。之后，在执行机构和/或政府部门考虑决定处置库的开发是否继续进行以及如何进行时将统筹考虑前述地方部门提出的意见。公众常常直接参与到评估报告研究中。

另外，有的国家有 HLW 和/或 SNF 处置的特定法律规定，其中对地方政府的参与活动常常有特别的规定条文，例如：

—— 允许地方政府对执行机构完成的研究进行独立的科学技术评审，并将其评审意见提交给执行机构以及最终决策者，如联邦政府或中央政府。美国就属于这种情况。

—— 要求执行机构关于下一阶段或时期工作进行的决策要得到地方政府的同意，要求最终决策者关于候选场址的决策也要得到地方政府的同意。芬兰和瑞典就属于这种情况。

—— 允许地方政府在得到联邦政府或中央政府委派的情况下，进行处置库的安全分析。德国就属于这种情况。

美国的具体情况比前述情况更加复杂，允许场址所在地的地方政府否决中央政府所选的场址，而且事实上已经发生了。但是，美国国会有权使地方政府的否决无效。

在芬兰和瑞典，如果地方政府没有批准通过所选的候选场址，那么整个选址进程就不能再向前推进了。

2.2.5.5 财政上的资助（financial assistance）

那些已经开展处置库选址调查的国家，许多政府部门都为地方政府和公众团体提供财政上的资助。各国对这种资金使用的情况不一样，但通常总是用于支持促进公众理解和公众参与处置计划的活动中（评议由执行机构准备的研究工作报告和环境影响评价报告，参加公众听证会、协商及咨询活动等）。然而，在法国和美国，举例来说，这种财政资助有时用于"地方开发"（regional development）或者如"支付款代替税金"（payments in lieu of taxes）等用途。地方政府被允许将这种财政资助用于它们认为合适的任何方面，甚至与地质处置库开发无关。

参与调查的成员国中还没有哪一个国家规定了在处置库选址完成之后的时间里对地方政府和公众团体提供财政资助的（决策）程序。尽管这样，人们却总是希望，财政资助、公众参与以及公开化、透明化的活动在 HLW 和/或 SNF 处置进程的后期阶段（即完成了选址过程之后的阶段）仍然能够继续下去。例如，有些国家，特别是美国，正在打算给运输 HLW 和/或 SNF 到地质处置库去的道路通过的管辖地域的地方政府以财政资助，以支持它们为运输所做的准备工作。

2.2.6 管理成本

各国对 HLW 和/或 SNF 管理成本的测算都不一样，难以进行横向比较。主要是各国的成本构成要素（研究与开发、贮存、运输、整备、处置）不一样，在计算放射性废物管理成本时的假设前提和边界范围不同（即假设的核电站运行寿期、处置库的贮存及运行寿期、关闭和监督活动的程度不同）。有的国家在它们总的成本测算中包括低放、中放废物管理成本，核电站退役成本，而有些国家则不含这些成本。为了对各种成本预测值进行比较，也必须考虑作价的基点（即以 2000 年的美元、1998 年的瑞士法郎计），以及根据通货膨胀和时间范围所作的预测。最后，各国预测成本时处理其研究开发初期成本的方法不同，处理各自高放废物或乏燃料长期管理计划早期阶段成本的方法也不一样。在总的计划成本里有的包括这几项，有的则不包括这几项。对于那些具有庞大开发计划的国家，这种前提的变化使得成本估算的结果有很大的差异。

成本测算大体可分为三类：

—— 第一类是基本只包括处置的成本（捷克、日本），或者计划到国外去进行 SNF 后处理，因此（总成本测算中）仅包括贮存及运输的成本（保加利亚）；

—— 第二类是有较宽泛计划的国家，它们的测算必然包括废物管理过程中附加阶段的成本（芬兰、立陶宛、斯洛文尼亚、西班牙、瑞典、瑞士、美国）；

—— 第三类是还没有对自己的高放废物或乏燃料长期管理方式作出决策的国家，尽管如此，它们还是根据一些概念完成了一定的研究工作，并据此提出了成本预算（比利时、荷兰）。

表 2-3 列出了这些成员国提供的成本数据。

表 2-3　高放废物或乏燃料管理的测算成本

国家	测算的总成本
比利时（2000 年百万欧元）	290～580，完成后处理方案 590～1 500，直接处置
保加利亚（2000 年百万美元）	234，含 SNF 贮存费用、运输设备费用、交给俄罗斯的费用
捷克（1999 年百万捷克克朗）	46 942，含研发（R&D）费用、处置库费用及公众关系费用
芬兰（2000 年百万欧元）	1 287，含 SNF 贮存、运输处置库、审批等费用
匈牙利（2000 年百万福林）	359.3，含 R&D 及 SNF 贮存、运输、处置库等费用
日本（2000 年百万日元）	2 891.2，这是平均值估计值
立陶宛（2001 年百万欧元）	1 600～2 100，含 SNF 贮存和处置库费用
荷兰（1999 年百万欧元）	1 358，含 SNF/HLW 贮存和处置库费用
斯洛伐克（2000 年百万斯洛伐克克朗）	约 75 200，含 SNF/HLW 和中低放废物（LILW）管理及退役费用
西班牙（1999 年百万欧元）	10 000，含 SNF/HLW 和 LILW 管理及退役费用
瑞典（2001 年瑞典克朗）	58 180，含 NPP 退役成本、R&D、运输、贮存等费用
瑞士（1998 年瑞士法郎）	11 227，含 SNF 运输、贮存、管理费用，LILW 处置费用
美国（2000 年百万美元）	57 520，含核电及国防 SNF/HLW，包括处置库、运输及相关的计划成本

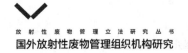
大多数国家负责成本测算的机构是由法规限定的。成本测算有两种主要的途径：

—— 第一种途径是由废物产生者（反应堆营运者）和/或执行机构进行成本测算，再由政府部门（部委、审管者、安全当局）评审。在某些情况下，政府部门的评审由外部的专家评审作支持（捷克、芬兰、立陶宛、斯洛伐克、西班牙、瑞典及美国）。

—— 第二种途径是由一个能胜任的实体进行成本测算，然后呈交给政府认可批准，或者接受独立的评审（保加利亚、德国、匈牙利、日本、荷兰、瑞士）。

2.2.7　财务系统

由于高放废物或乏燃料长期管理的许多活动将要持续几十年甚至更长的时间（可能在废物产生者们已脱离业务之后），因此明智的做法是在废物产生者仍在运行时就汇集经费来源，以供将来处置设施长期管理所需。各成员国都指出它们采用的各种财务系统都能保证长时期内可以获得其地质处置计划的经费。基金和储备金（funds and reserves）是两种最常见的财务系统。对于基金，经费通常都是由独立于废物产生者的机构来保管运作的。而俄罗斯的基金来自国家财政预算。

各成员国的高放废物或乏燃料管理计划的范围不一样（有的国家包括核设施退役、低放废物管理等活动，有的国家不包括），基金所覆盖的活动也不一样：

—— 仅包括高放废物或乏燃料处置（捷克、日本、美国）；

—— 包括 SNF 的中间贮存和处置（比利时、芬兰）；

—— 包括核电站退役、高放废物或乏燃料的贮存及处置（匈牙利、立陶宛、西班牙、瑞典、瑞士）。

在美国早期的计划里，计划预算的一小部分用于 SNF 贮存和研究开发，因为其早期计划里有一部分经费是来自国家拨款而不是废物管理基金。瑞士的退役经费保留在另一个分列的基金里。

基金的获取广泛采用收取年费的办法，其计算和确定的基础是某年的发电量或产生的废物量（根据该年度产生的与废物相关的未来责任来确定）。

概括来说有两种获取基金的办法：一是在电价中征收，二是由废物产生者分摊（废物产生者再从电价中收钱）。而分摊的数量通常是由国家政府机构计算和确定的。电价中征收的基金在多数情况下出自核电站发电的收入。然而，西班牙从电价中征收的基金是强加到所有售电者收入中的，不管电是不是来自核电站。

在多数已设了基金的国家中，政府或者政府内高层次的机构被设定为财务资源的管理机构。也有例外的，例如，在西班牙由执行机构来管理基金，而在日本则由内阁大臣设立一个非营利的第三方实体来管理基金。有一点是共同的，任何情况下都是由政府负责制定管理基金的规范和指南。

另外，在那些财务资源由废物产生者自己保留在其内部的国家，废物产生者负责财务资源的管理。而每年注入储备金的资金数量主要是由废物产生者自己测算确认的。

通常都用低风险的方式来管理基金（将基金注入国家账户，或者把它们投资到政府债券，或者根据由主管实体制定的财政战略来管理）。芬兰拥有世界上独一无二的系统，废物产生者（核电站运营者）可以从累计的基金中借用最高达 75%的份额。

除随着废物的产生而收集基金外，与在财务系统设立之前产生的废物相关的责任也应在考虑之列。在财务系统设立之前所产生废物的费用也该收取，芬兰和瑞典是在成立财务系统时收取一次性费用（one-time-fees），日本和瑞士则是全过程连续收取，而美国则是两种方法结合起来收取。

2.2.7.1　废物管理费用

在通过售电收入所得税收取废物管理费的那些国家，这笔费用是按每度电的价格来定义的。而在另一些国家这笔费用则是根据其他的方法来计算和分配的。因此难以比较各国的费用负担。正如前面所说，各国基金成本所涵盖的范围不一样，使得在同一基础上来比较各国的管理费用就更困难了。根据粗略计算，多数国家的核电站发的每度电的废物管理费用见表 2-4。

表 2-4　废物管理费用

国家	每度电所需费用
只包含高放废物或乏燃料处置	
捷克	0.05 捷克克朗
日本	约 0.13 日元
美国	0.001 美元
包含 SNF 贮存和处置	
芬兰	0.002 3 欧元
包含退役，高放废物或乏燃料贮存和处置，以及其他废物的处置	
保加利亚	电价销售的 3% [近似 0.9 美元/（MW·h）]

国家	每度电所需费用
匈牙利	1.18 福林
立陶宛	全部售电价的 6%［近似 4.9 立特/（MW·h）］
斯洛伐克	全部售电价的 6.8%（约 0.13 斯洛伐克克朗）
西班牙	所有电站发电零售价的 0.8%
瑞典	0.01 瑞典克朗
瑞士	0.01 瑞士法郎

在有的国家，如瑞典和美国，还有一些法律上的规定，要求每年对废物管理费用是否够用进行一次分析评价。

2.2.7.2　经费的支取

在大多数支持 SNF/HLW 处置基金的国家，执行机构的活动预算是经过批准的，然后根据批准过的预算从基金中支用活动经费。各国批准预算的机构不同，例如：

——　美国、俄罗斯、匈牙利等由议会或国会批准；

——　保加利亚、捷克、芬兰、日本、斯洛伐克、西班牙、瑞典等由政府或政府的一个机构批准；

——　加拿大是由执行机构的董事会批准。

而在那些财务资源以储备金方式由废物产生者保存的国家，则根据执行机构的要求从储备金中支出付给执行单位。

有的国家，已经改革或正在改革资金的支取办法，其资金的支取采用上面讨论过的综合方法。对于综合的长期计划活动的开支从计划的基金中支出，还有一些短期项目活动的费用则从其他储备金中（或从拨款中）支出。

2.2.7.3　对财务系统的审计（auditing）

在那些已经设立了基金的国家，资金被支出或通过国家账户被取出，负责审计政府财务资金的机构也审计废物长期管理的财务系统。此外，还有国家安排了独立的审计师来检验基金是否得到严格的管理（瑞士、美国）。

在有的国家，由废物产生者对采取储备金方式的财务资源进行供给、照管和操作，由专业的审计师根据与核电站签订的合同按照私人企业的法律对储备金进行审计。

2.2.7.4　收入与支出

由于各国采用的方法大不相同，各国都在跟踪和表述它们各自的收入和支出情况，在后续章节里分别列出了各国的相关数据。

2.2.8   公众参与和透明性（公开性）

参与调查的成员国提供的信息表明，每个国家都认识到：要想获得成功的高放废物或乏燃料处置计划必须纳入公众参与并保证透明性的活动。这些国家现在正在执行公众延伸计划，不仅让公众参与场址评价、参与决策过程，还要通过各种措施来促进公众的理解、建立公众的信任，如提供资料、办展览、搞一些解释性的模型设施、安排公众到核设施去参观、与处置计划的员工一起开会等。

各国公众参与采取两种基本的方法。保加利亚、捷克、立陶宛、芬兰和斯洛伐克等国家采取第一种方法，即公众参与作为环境影响评价过程的一部分。其他国家采取第二种方法，即按照法规的特殊规定，要求公众参与到高放废物或乏燃料管理过程的各个不同步骤。瑞典是采用上述两种方法的例子。

美国采用第二种方法。在美国，公众参与有关的开发工作的协商，如选址指南、标准和建议，公众参加环境评价工作，通过与所推荐的场址附近的高校开展合作研究活动，并且作为州政府某机构的代表连续地监督处置库开发计划，参与处置库执照申办过程等。芬兰、法国、瑞士和匈牙利也采用第二种方法。在这些国家，由当地居民、社会团体、市政当局的代表、执行机构的代表组成专门委员会，负责向公众实时地提供由执行机构进行的调查工作的情况，对公众关注的问题作出响应。在加拿大有一项计划，任命原住民的代表作为执行机构的顾问咨询委员会成员。

2.3   其他考虑

2.3.1   责任（liability）

高放废物或乏燃料处置的执行机构的存续期比高放废物或乏燃料保持其放射性的时间短得多，带来的结果存在着在执行机构结束工作之后如何处理责任的问题（与因处置库而引起的危害相关的责任问题），以及处置库还在运行期间的责任问题。

大多数国家的地质处置责任体系要求管理处置库的营运者在其营运期间对处置库发生的任何损害或危害承担责任。而处置库封闭之后以及处置库的营运者结束工作之后，芬兰正在研究是否由中央政府来承担全部责任。

在美国有法律保护条款［即《价格—安德森法案》（Price-Anderson Act），对美国能源部（DOE）承包商适用］。在这种情况下，执行机构和他的承包商将受到保护（即免责保护），而联邦政府将在法律规定的限度内支付任何有法律效力的索赔要求。这些条例也适用于处置库封闭之后。

2.3.2 可回取性和设定的控制（措施）

在德国和瑞典对处置库的要求里现在还没有关于可回取高放废物或乏燃料的条款。但是，他们现在正在考虑是否设立这项要求。芬兰现在的立法要求："在任何可预见的将来，废物均能完全回取"。瑞士和美国要求被处置在一个地质处置库中的 SNF/HLW 在其被安放就位后的一段确定时间内仍保持其可回取性。法国正在进行一项研究，以评价在地质构造中的几种具有可回取性的和不具有可回取性的处置方案。

在处置库封闭之后启用设定的控制措施（包括监测和所需经费），是已列入计划将来要予以执行的一项任务。然而，在某些国家，处置库的适用性的要求里详细载明了一个处置库应该设计成无须监测就能安全运行的要求。

2.3.3 记录资料的保存

目前正积极制订处置库场址选择计划的那些国家，通常都有相关的法律或政策，要求在处置库项目执行过程中保留其原始记录等相关资料，还要求处置设施运营者在处置库运行期间必须保存运行记录资料。而有的国家，还要求政府也必须保存高放废物或乏燃料处置运行的资料。

目前只有少数几个国家已经公布了当处置项目完成且其执行机构取缔之后所需保存记录资料的相关政策。此种情况要求政府保证承担起无限期地保存记录资料的责任。然而，相关的细节（如哪些记录资料要保存、保存在哪里，以及如何保存等）都尚未特别明确规定。随着各国地质处置库计划的推进，这些要求的细节将会被开发出来，直到处置库关闭时都可进行完善（这将是从现在开始的至少数十年以上的时间）。

2.4 小结

总体回顾与评价清楚地表明，在细节上找不到有两个国家他们为 HLW 和/或 SNF 管理已建立的或正打算建立的组织机构体系是相同的。最可能的原因是，那些国家核能开发和利用的条件、历史以及习惯等方面存在系统差异。有些国家有专门的法规规定了其组织机构体系。

然而，如果将各国的组织机构体系放在更宏观的层面来观察，许多体系的相同之处就比较明显了。首先，所有的成员国里，政府在执行计划的制订上起决定性作用。其次，所有的成员国都采取逐步推进的方法来制订高放废物或乏燃料长期管理计划。所有的成员国都有法律及规章的框架来掌控高放废物或乏燃料管理活动，而大多数国家都设立了（或者授权给）专门的机构来执行、审管、监督这些活动。还有许多成员国设立了基金以保证将来高放废物或乏燃料长期管理工作一旦需要资金时就可以获得，所有成员国都认可需要建立记录保存系统以供它们的地质处置库关闭之后来查看相关信息。

一些国家正在评价它们的高放废物或乏燃料长期管理政策和战略，并计划开发新的组织机构体系以供使用。而另一些国家还没有确立相关的政策和战略。每个国家，甚至那些已经很好地建立了组织机构体系的国家，应该谨慎地关注那些正在顺利地进行高放废物或乏燃料管理的国家以及它们实现组织机构体系功能的方法。即便是已经很好地建立了组织机构体系的国家，将来很可能发现需要重新评价或更新自己的体系，能够从研究其他国家正在运行的体系中发现对自己可能有用的模式。

实际上，如果对各国核能开发和应用的社会因素和历史予以特别关注的话，国家之间交换高放废物或乏燃料长期管理组织机构体系方面的信息是最有益处和富有成果的。

第 3 章 ◇

美国放射性废物管理组织机构

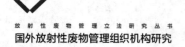

3.1　政策和立法机构

美国放射性废物管理与监督的政策包含在一系列法律中。法律规定了联邦政府各机构对放射性废物的责任。联邦法律由议会颁布，总统签署后具备法律效力。美国法律适用于50 个州的所有领土。

国会主要负责颁布相关法律，为拨款提供立法方面的指导，并最终批复放射性废物处置方案、确定废物处置场的最终场址、审议批准年度政府预算（含高放废物拨款预算）。

总统进行相关决策，并向国会提交决策建议，要求国会通过项目预算。

3.2　政府管理机构

美国低放废物分为商业低放废物和政府低放废物两类。商业低放废物由各州政府负责处置，通过《低放废物政策法》，建立合约州制度。超 C 类废物、超铀废物和高放废物的处置由美国联邦政府负责，具体由能源部承担。除核废物最终处置地点由国家（国会）或者相应的州负责审批并进行管理外，所有军用场址和活动产生的乏燃料和放射性废物均由能源部代表政府负责管理，包括对国防计划的商用核燃料、乏燃料及高放废物的地下处置库的选址、建设及运行管理。

（1）能源部机构概况

能源部成立于 1977 年 10 月 1 日，下设 10 个项目办公室、21 个职能办公室，以及多个国家实验室和技术中心、地区办事处和行政机构等，现有约 3 000 名职工。

（2）能源部在放射性废物管理方面的职责和实践

能源部中与放射性废物管理相关的是项目办公室中的核能办公室（NE）与环境管理办公室（EM）。NE 负责核燃料循环体系和技术开发，乏燃料和高放废物处置是其中内容之一。EM 负责对污染的或关停的设施进行环境清理，低放废物和超 C 类废物处置是其任务之一。

（3）能源部经费来源

能源部的经费主要来自政府年度预算。

3.3　监管机构

在美国乏燃料和放射性废物管理的法律体系内包含数个机构：核管理委员会（NRC）分管商业核电部分；国家环境保护局（EPA）建立环保标准；能源部管理部门下的政府项目。一些核管理委员会的监管授权权力（不包含乏燃料、能达临界量的特殊核材料和高放废物）可由美国 50 个州执行（包括波多黎各和哥伦比亚特区）。这是 1954 年《原子能法》（AEA）补充版第 274 条的规定。这些授权包含监管商业低放废物处置场和铀矿尾矿场地以及监管铀矿尾矿处置的授权。一些州自己也有 EPA 的监管授权，例如，工业或采矿作业排放的废物。

负责放射性废物监管的 3 个联邦机构一般章程包含在美国联邦法规（CFR）第 10 条（NRC 和 DOE）和第 40 条（EPA）中。美国政府章程经由公开程序发布，包括向公众寻求意见。新章程发表在联邦记录（FR）上。

DOE 指令是内部命令，其功能与 DOE 和 DOE 合同方活动章程相似。DOE 合同方依法遵守命令并强制实行合同条款。

在环境标准方面，EPA 的标准设定功能与 NRC 的实施功能分离反映了一项近 40 年的国会政策，即让唯一机构设定环境标准。EPA 设立后集中了原先分布在数个机构中的环境授权，包括 NRC 的前身原子能委员会（AEC）。同一机构设定并实施标准是有益处的，NRC 在很多领域，尤其是在核设计和核运行方面就实行这样的标准。此外，根据唯一机构设定环境标准的国家，管辖范围足够宽泛，授权此机构对包括核在内的多种危险进行等级划分。

3.3.1　核管理委员会

（1）机构概况

NRC 是独立的监管机构，是国会根据 1974 年能源重组计划由其前身 AEC 组织而成的，目的是维护公众健康安全、保护环境，通过使用副产品、资源和特殊核材料来促进国防与公众安全。

NRC 成立于 1975 年 1 月 19 日，由一个 5 人组成的委员会领导。5 名委员由总统咨询参议院并征得同意后任命，总统指定其中一名委员担任委员会主席和官方发言人。委员会负责制定核安全监管政策和法规，批准发放许可证和对许可证持有者行使监管权力。5 人

委员会下设执行主管，负责执行 5 人委员会的政策与决议，指导下属机构的活动。

NRC 设有核反应堆监管办公室、核材料安全与保障办公室、新反应堆办公室、执行办公室、核安保与应急响应办公室等机构。4 个地区办公室负责对所辖地区的许可证持有者开展检查、执行等工作。目前，NRC 拥有约 4 000 名职员。

核材料安全与保障办公室（NMSS）负责监管用于商用核反应堆的核燃料生产的安全与保障，高放废物和乏燃料的安全贮存、运输和处置，以及放射性材料的运输。监管活动包括许可审查、检查、许可证持有者能力评价、事件分析，以及执法。2014 年 10 月 5 日，NRC 的联邦与州材料与环境管理项目办公室并入 NMSS，所有职责也划入 NMSS。因此，NMSS 具有实施 NRC 对核材料监管的全部权力。NMSS 与 NRC 其他办公室、联邦机构、协议州、非协议州合作履行这一职责。NMSS 负责工艺研商、退役、铀回收、低放废物和事故废物场址中的辐射源、副产品和特殊核材料的安全与安保，还承担评价 NRC 各地区办公室和协议州监管能力的工作。

（2）在放射性废物管理方面的职责和实践

NRC 的管理对象包括：

● 商业核电，非电力研究、试验和培训的反应堆；

● 核燃料循环设备，医学、学术和工业用途的核燃料；

● 贮存处理的核燃料和废物；

● 国会授予 NRC 的执照和相关监管授权的特定 DOE 活动和设备。

NRC 管理生产商、产品、运输、接收、收购、所有权、所有物和商业放射性废物的使用，包括相关放射性废物的管理。

NRC 针对低放废物、高放废物、设备和现场的去污退役进行控制和处理。NRC 还负责为监管建立技术基础，为发展取照审核的可接受标准而提供信息和技术基础。

NRC 监管程序比较重要的一方面是检查和实施。

NRC 有 4 个地区办公室，负责检查管辖区域内包括核废物管理设施在内的授权设施。NRC 的联邦与州材料与环境管理项目办公室与州政府、地方政府和部落首领联系，监督国家方案达成协议。

（3）经费来源

NRC 的经费来自政府预算。

3.3.2　国家环境保护局

EPA 成立于 1970 年，其主要职责之一是制定和发布与环境、安全和健康有关的标准，包括放射性废物处置环境辐射防护标准等。EPA 有 1 个总部组织和 10 个区域办公室，每个区域办公室负责与区域内各州合作管理机构项目。

《废物隔离中间工厂用地回收补充条例》（WIPP LWA）要求 EPA 发布最终章程，处置乏燃料、高放废物和超铀（TRU）废物。条例同时授权 EPA 设定标准，实施最终废物隔离中间工厂（WIPP）放射性废物处置标准。条例规定 EPA 必须每 5 年检测 1 次 WIPP 设施是否符合最终处置章程，是否符合其他的联邦环境和公众健康安全章程，如《清洁空气法》（CAA）和《固体废物处置法》。

3.3.3　能源部

DOE 健康、安全和安保办公室（HSS）对《乏燃料管理安全和放射性废物管理安全联合公约》指定的 DOE 乏燃料和放射性废物管理进行监管和独立监督，2014 年重组成两个办公室：环境、健康、安全和安保办公室（EHSS）和独立事业评估办公室（IEA）。EHSS 为保护 DOE 工人、公众、环境和国家安全设施提供法人领导和战略方法。通过制定法人政策和标准，提供实施指导，分享运行经验、教训和良好实践，为线性管理提供帮助和支持服务，完成上述任务。EHSS 职责包括：

● 为运行 DOE 设施而制定充足、有效、先进、环保、安全与健康的政策和规则；

● 为 DOE 程序提供技术支持，确定并解决环境、安全、健康、安全和安保问题。

EHSS 为在安全健康规章审核和监管改革方面，是劳工部（DOL）职业健康安全局与 NRC 的主要联络方。

IEA 在 DOE 内部主要起独立监管作用，向能源部部长办公室汇报工作。IEA 负责以下方面：

● 开展核和工业安全、网络和物理安全及其他功能的评估工作；

● 履行调查职能，强化工人健康安全、核安全和安保领域的议会授权功能；

● 实施强化项目，推进 DOE 核安全、工人健康安全和安保项目的整体改进；

● 管理独立监督项目，对安保与板报、网络安全、应急管理、环境、安全和健康方面的 DOE 政策准确性和线性管理的有效性进行独立评估；

- 对安全与应急管理领域的 DOE 现场、设施、组织和运行工作进行独立评审；
- 对安全和应急管理主体进行特殊评审。

除了 EHSS 和 IEA 的监督功能，DOE 还成立低放废物处置设施联邦评审组（LFRG），符合 DOE O 435.1 的要求，同时执行监督管理功能，LFRG 是对 DOE LLW 处置设施的性能评估（PA）进行评审的主体。此外，LFRG 协助高级经理评审支持批准针对特定废物处置设施或根据《综合环境反应、赔偿与责任法》（CERCLA）相关条款进行综合分析的低放废物性能评估的文件。LFRG 针对每个现场开始、继续或停止运行向高级经理提出建议。

DOE 法律顾问办公室（如需要，还有国家核安全行政法律顾问办公室）确保项目和程序按照适用的联邦法规和规章实施。尤其是，该办公室批准了 DOE 国家环境政策条令（NEPA）与联邦法规和规章差异的分析结果。它协助 DOE 推进主要建议行动或共同合作制定环境影响声明进程，同时为环保评审要求和实施行动制定了书面指令、政策、规章和导则文件。

3.3.4 国防核设施安全局（DNFSB）

国防核设施安全局是 1988 年由议会建立的独立联邦机构。DNFSB 职责是执行关于 DOE 国防核设施的核安全推荐建议。DNFSB 对国防核设施设计、建设、运行和退役方面的 DOE 健康安全标准进行内容和实施情况的审核和评估。《原子能法》授权 DNFSB 向能源部部长推荐任何方法，如根据实施情况对这些标准进行变更，确保充分保护公众健康和安全。DNFSB 还在新的国防核设施开始建造之前对其设计进行评审，同时改造老旧的设施。

3.3.5 其他联邦监督机构

某些 DOE 设施和运行要接受独立监督。NRC 和 EPA 都监管某些 DOE 设施，例如，DOE 爱达荷州现场内三哩岛损坏的燃料和堆芯碎片存储方式是 NRC 授权的干法贮存。EPA 通过自身的 WIPP LWA 给 WIPP 授权。

3.4 执行机构

总体上由 DOE 负责领导、组织和管理，具体由 DOE 下设的环境管理办公室（EM）

和核能办公室（NE）两个部门来执行，并对场址退役清理和安全关闭实行军民分开管理。

3.4.1 环境管理办公室

（1）职能

EM 主要负责管理军工核武器科研生产设施退役及遗留废物，对曼哈顿计划和"冷战"活动产生的数十万立方米放射性废液、数千吨乏燃料与特殊核材料、大量超铀废物与混合/低放废物、大量受污染的土壤和水进行处理与处置，还负责数千个遗留核设施的去污和退役。

（2）组织结构

EM 设有部门主管——助理部长和首席副助理部长、场址运行部门、监管与政策事务部门、企业服务部门等，组织结构见图 3-1。

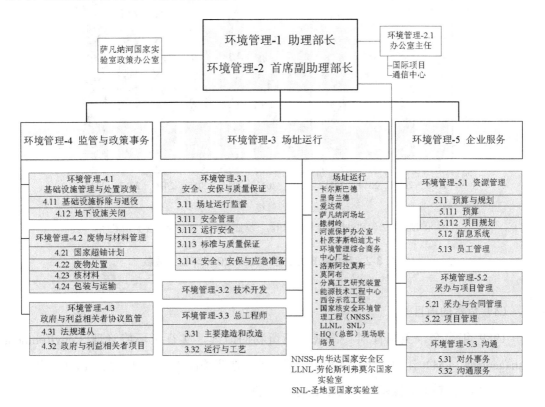

图 3-1 美国能源部环境管理办公室组织结构

（3）人员与经费

目前，EM 总部有职员 283 人，综合商务中心有职员 145 人，各核场址有职员 1 032 人，共计 1 460 人。另外，在各核场址还分布着合同承包商的工人数千名。

EM 每年提交财年年度预算，国会审批后向其拨付财政资金。EM 的绝大部分资金来源于"国防环境整治"账户，其他来源还有"非国防环境整治"账户和"铀浓缩去污和退役基金"。2008—2018 年 EM 每年获得的经费达 50 亿～65 亿美元，尤其是后 5 年逐年递增，EM 经费中用于国防环境整治的平均每年约 50 亿美元。环境管理办公室 2008—2018 年财政拨款见图 3-2。

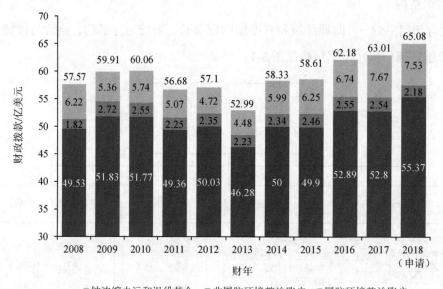

图 3-2 环境管理办公室 2008—2018 年财政拨款

（4）负责的项目

1989 年至今，美国针对"冷战"遗留物的清理，实行了环境管理（environment management，EM）计划，包括橡树岭项目、废物隔离中间工厂项目、尤卡山计划等。

——EM 计划下的橡树岭（Oak Ridge）项目

橡树岭项目的目的是完成遗留场址和现役场址的环境清理，同时保护人类健康与环境。橡树岭保留地包括 3 个地理位置：东田纳西技术园场址、橡树岭国家实验室和 Y-12 国家安全综合体场址。橡树岭保留地清理项目主要由《橡树岭保留地联邦设施协议》《橡

树岭保留地遵从法令》《橡树岭保留地多氯联苯联邦贮存设施遵从协议》3 个监管协议/
法令监管。

橡树岭项目的规划和管理是通过与大型和小型企业签订合同并发布和执行来实现的。
橡树岭项目制订了近期和长期规划，以便制订更详细的合同策略和计划/项目规划，并选择
承办商执行这些规划，按进度安排如期完成清理工作。

——EM 计划下的废物隔离中间工厂项目

2012 年 4 月 23 日，美国能源部将一份废物隔离中间工厂的管理与运行合同授予核废
物伙伴有限责任公司（Nuclear Waste Partnership）。这份合同为期 5 年，价值 13 亿美元，
到期后可续约 5 年。根据这份合同，核废物伙伴有限责任公司从 2012 年 10 月 1 日起接管
这座超铀废物处置设施。阿海珐联邦服务有限责任公司（Areva Federal Service LLC）是该
合同的主要分包商。

WIPP 位于 655 m 深的地质岩层，于 1999 年投入运行，是世界上第一个超铀废物处
置库。EM 是 WIPP 的项目管理部门，具体执行部门为 CBFO 卡尔斯巴德办事处。核废
物伙伴有限责任公司是优斯（URS）公司的子公司。URS 公司自 1985 年起就为 WIPP 提
供管理与运行服务，其合作伙伴和主要分包方分别为 Babcock & Wilcox 技术服务集团
（Babcock & Wilcox Technical Services Group）和阿海珐联邦服务有限责任公司。除管理地
下处置库外，阿海珐联邦服务有限责任公司还负责协调核废物的运输工作，并对送交废物
进行表征。

2017 年 6 月 1 日，美国能源部环境管理综合业务中心与卡斯特（CAST）专业运输
公司签署了一份 5 年合同，为 WIPP 提供运输服务。这份合同价值高达 1.12 亿美元。运
输服务包括超铀废物和多氯联苯、石棉等混合废物的安全运输。CAST 将废物从美国能
源部各个场址及与国防相关的超铀废物产生地运到 WIPP。超铀废物必须采用 NRC 批
准的 B 类包装。

——EM 计划下的尤卡山计划

美国国会于 1982 年通过的《核废物政策法》规定，必须对来自军事、科研和电力生
产领域的高放废物进行最终地质处置。在开展了 20 年的高放废物最终处置库选址工作后，
美国国会最终于 2002 年通过了一项法案，指定位于内华达州的尤卡山为唯一可供能源部
考虑的高放废物最终处置库的场址。

但奥巴马总统在其就职后不久就宣布尤卡山"不是一个选项"，并于 2009 年 2 月取消

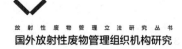
了该计划的经费。2010 年 3 月 3 日，能源部正式向 NRC 提交申请，要求撤销其于 2008 年 6 月提交的尤卡山处置库的建设申请。能源部表示，根据 2010 年的预算提案，用于开发尤卡山设施的所有资金将被终止，如进一步征用土地、交通和其他工程等。因此，经历了 22 年的建设后，耗资近百亿美元的尤卡山计划于 2010 年被废止。

为解决美国高放废物的长期管理问题，能源部在 2010 年 1 月 29 日宣布于当日正式组建"蓝带委员会"，专门负责制订高放废物的长期管理战略，但不考虑处置库的选址问题。该委员会在 2011 年 7 月给出了高放废物长期管理战略中期报告，2012 年 1 月向能源部提交了最终报告。

环境管理办公室负责建造和运行废物处理设施、运输和处置超铀废物与低放废物。

3.4.2　核能办公室

能源部下设的原民用放射性废物管理办公室专门负责管理和处理高放废物和乏燃料。放射性废物管理办公室在尤卡山计划中扮演了重要角色，然而在 2009 年，奥巴马政府暂停了尤卡山计划，并撤销了放射性废物管理办公室，其相关职责合并到核能办公室。

（1）职能

NE 主要负责民用放射性废物管理以及所有放射性废物（包括军工放射性废物）的最终贮存、处置和管理，其主要任务是推进核能成为一项资源，以满足国家的能源供应、环境保护和能源安全的需要。在乏燃料管理领域致力于开发和分析能够确保可持续的核燃料循环。能源部一直在支持符合蓝带委员会建议的研发活动和政府政策。

（2）组织结构

在乏燃料管理机构方面，NE 下设乏燃料及废物处置副助理秘书长、乏燃料及废物科学与技术办公室、综合废物管理办公室和项目运营办公室（图 3-3）。现任乏燃料及废物处置副助理秘书长，将致力于开发一个可持续的乏燃料及高放废物管理和处置方案，包括设计基于一次通过的选址程序和综合性废物管理系统的开发。

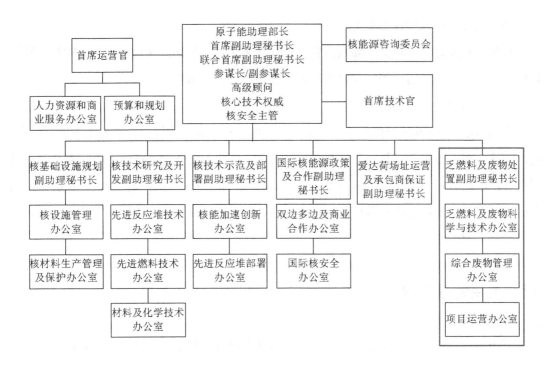

图 3-3　美国能源部核能办公室组织结构

（3）人员与经费

NE 约有 420 名职员。2016 年批准财政拨款 9.86 亿美元，2017 年批准财政拨款 9.84 亿美元，2018 年申请预算 7.03 亿美元，其中前两年尤卡山计划经费为 0 美元，2018 年申请了 1.2 亿美元。

3.5　咨询监督机构

（1）美国核废物技术评审局（NWTRB）

根据 1987 年《核废物政策修正法》（NWPAA）成立美国核废物技术评审局。NWTRB 针对 1982 年《核废物政策法》实施中存在的技术问题，向议会和能源部提供解决方案。该局对能源部秘书处关于管理和制订乏燃料和高放废物处置方案的技术有效性进行评估。NWTRB 是完全独立的联邦机构，没有政党和政治倾向。美国国家科学学院（NAS）挑选候选人提交给总统，总统从中任命 11 名成员组成核废物技术评审局。

（2）核废物技术评议委员会

核废物技术评议委员会主要负责监督一切技术工作，包括废物运输、中间贮存、场址评价、处置库设计及运行等，并定期向国会和能源部部长报告。

（3）蓝带委员会（BRC）

美国政府于 2009 年暂停尤卡山计划，其乏燃料和高放废物管理计划处于不确定状态。考虑到这一重大政策的重新调整，美国国会成立了蓝带委员会。BRC 的主要职责是对核燃料循环后端的管理政策进行全面评审，提出新战略，并向能源部部长报告，旨在解决民用和国防乏燃料、高放废物和其他核材料的贮存、处理和处置问题。该委员会共有 15 名成员，设有 2 位联合主席。

3.6　费用管理机构

美国核管理委员会、能源部等联邦机构通过年度预算规划人员和项目经费。

核能办公室负责收取和管理资金、评定费用是否足够并提出调整建议。

核废物基金用于乏燃料与高放废物地质处置研发和各阶段工作的实施。

第 4 章 ◇ 英国放射性废物管理组织机构

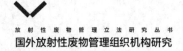
英国负责放射性废物管理和监督的机构包括核退役管理局（NDA），贸易工业部（DTI），环境、食品与农村事务部（DEFRA），核监管局（ONR），放射性废物管理委员会（CoRWM）等。英国乏燃料和放射性废物管理组织相互关系见图4-1。

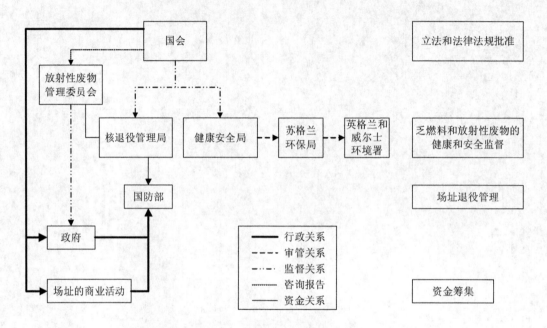

图4-1 英国乏燃料和放射性废物管理组织相互关系

4.1 政策和立法机构

相关部门根据职能制定或组织起草法律法规，并经国会批准。如环境、食品与农村事务部负责制定放射性废物管理政策。

4.2 监管机构

4.2.1 核监管局

2014年4月1日，英国政府根据《能源法案2013》成立了核监管局，作为法定执政机关，核监管局是英国所有具有核许可证的场址的安全监管机构。

（1）职责

ONR 主要负责监管核安全和监督英国的安排是否符合国际安全保护承诺。

（2）组织结构

ONR 的组织结构见图 4-2。

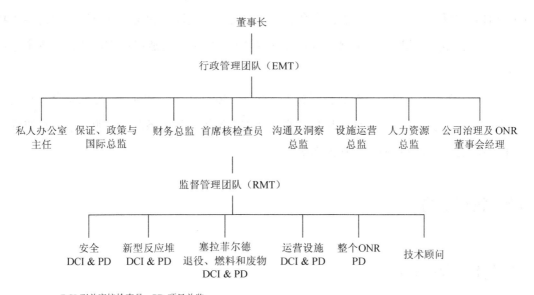

图 4-2　ONR 的组织结构

塞拉菲尔德退役、燃料和废物部门负责包括塞拉菲尔德在内的 21 个核许可场址的监管，包括场址退役。该部门还监管其他 20 个核许可场址，其中超过 50%的场址由 ONR 颁发许可证，另外该部门在地质处置监管方面也进行指导，并协助核退役管理局向政府提出战略性建议。

（3）经费

ONR 的经费来源有两个：一是来自成本持有者的成本回收；二是来自英国就业与退休保障部门的拨款。

4.2.2　健康安全局（HSE）

健康安全局是负责健康与安全监管的部门，集核安全、核保障和民用核安保的监管于一身，包括对核设施退役进行监管。其工作受健康与安全委员会的监管。健康安全局对核与辐射安全工作的监管由其核理事会执行，主要目标是确保被监管对象不发生重大核事故。

4.2.3 环保局（EHS）

英格兰和威尔士环境署（EA）、苏格兰环保局（SEPA）和北爱尔兰环境及遗产服务中心（EHS）统称为环保局，负责核安全监督、颁发核设施选址和运行许可证。放射性废物处置和气态或液态放射性物质排放都由环保局依据 1993 年《放射性物质法》的规定进行监管。

健康安全局与环保局存在监管职责上的交叉。2002 年 3 月和 4 月，健康安全局与英格兰和威尔士环境署及苏格兰环保局分别修订并重新签署了谅解备忘录，明确双方在监管中的主、次责任，以及对相互协作的考虑。

4.3 执行机构

4.3.1 核退役管理局

英国大量遗留场址的退役工作以及全国放射性废物的处置工作由核退役管理局统一管理和实施。NDA 成立于 2005 年 4 月，是根据 2004 年《能源法案》成立的非政府部门公共机构。

（1）职能

NDA 负责管理和清理英国在 20 世纪 40—60 年代陆续建造的核设施。这些核设施分布在 20 个场区，包括 30 座反应堆、5 座乏燃料后处理厂以及其他核燃料循环和研究设施。

（2）机构与人员

NDA 有 230 名员工，除核专家以外，其他工作人员具备建造、财政、行政及顾问等方面的工作经验。

NDA 的组织结构见图 4-3。

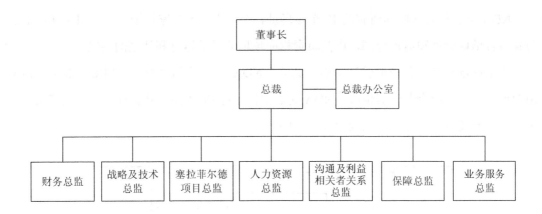

图 4-3　NDA 的组织结构

（3）经费

NDA 的经费来源有两个：一是政府的资助，政府的财政补助金；二是商业运营的收入，主要为仍然在运行的两座镁诺克斯反应堆的电力销售、为英国能源公司和海外客户进行燃料生产和后处理服务以及核材料国际运输的收入。

NDA 每年运行成本约 4 100 万英镑，2016—2017 财年的总计划支出为 32 亿英镑，其中 22.5 亿英镑是政府的财政补助金，9 亿英镑为商业运营的收入。2016—2017 财年的支出为：30 亿英镑用于场址项目；2 亿英镑用于非场址活动，包括研究和开发、保险、养老金成本、场址许可公司费用、地质处置实施费用以及 NDA 的运营成本。目前英国核遗留去污费用估算为 1 170 亿英镑，平均分配于接下来的 120 年左右。2015—2016 年 NDA 在核遗留去污上的费用分布见图 4-4。

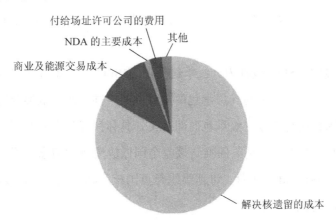

图 4-4　2015—2016 年 NDA 花在核遗留去污问题上的费用分布

NDA 不直接管理归其所有的 17 个核场址，而是成立了 7 家场址许可公司（SLC），并与其签署场址管理和运营合同，由其负责相应场址的日常运行和计划的实现。

为了在场址许可公司的管理中引入竞争，NDA 建立了母体组织（PBO）制度，PBO 由业界单个企业或企业联盟构成。NDA 通过招标选择 PBO 并与其签订合同，由其负责一个或多个 SLC 的战略管理，三者关系见图 4-5。

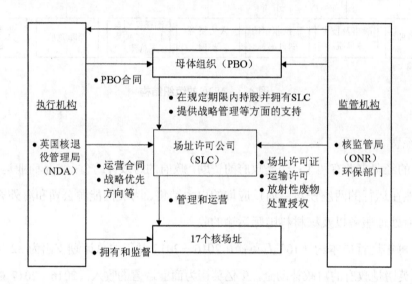

图 4-5　英国核场址管理模式

PBO 在 5 年合同期内持有 SLC 的股份，PBO 不直接负责场址运营工作，而是向 SLC 提供管理团队和战略指导，以提升 SLC 的业绩、降低场址管理成本。PBO 的收入由两部分组成：一部分是 PBO 合同的收入；另一部分是根据业绩表现从合同总价中获得的相应额度的奖金。

在这种管理制度中，SLC 被称为一级承包商，与 SLC 直接签订转包合同的公司被称为二级承包商。二级承包商一般与一级承包商签订框架合同，而该框架合同中通常包含对分包商的安排。英国目前有 7 家一级承包商即 SLC，具体情况见表 4-1，分布见图 4-6。其中，低放废物处置库（LLWR）是英国唯一接收全国低放废物的国家处置库，由低放废物处置库有限公司（LLWR Ltd.）运营，母体组织是英国核废物管理公司，股东为优斯公司、斯图兹维克公司和阿海珐公司。

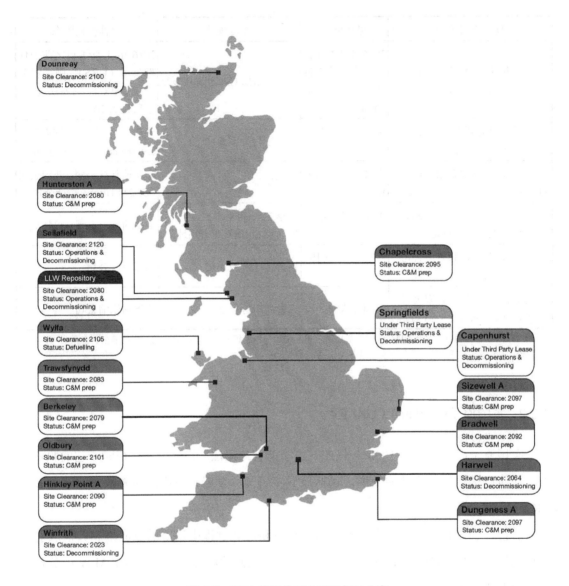

图 4-6　NDA 场址许可公司及场址分布

来源：《乏燃料管理安全和放射性废物管理安全联合公约》英国国家报告，2017。

表 4-1　英国 NDA 场址许可公司/母体组织情况

场址许可公司	母体组织	许可场址	母体机构股东
镁诺克斯有限公司（Magnox Ltd.）	卡文迪什福陆合伙公司	伯克利（Berkeley）、布拉德威尔（Bradwell）等 10 个镁诺克斯型核电站场址	卡文迪什核公司（Cavendish Nuclear）、福陆集团（Fluor）

场址许可公司	母体组织	许可场址	母体机构股东
塞拉菲尔德有限公司（Sellafield Ltd.）	2016 年 4 月 1 日之前为核管理伙伴公司；之后为 NDA*	塞拉菲尔德（Sellafield）场址	2016 年 4 月 1 日之前为优斯公司（URS）、阿美科公司（AMEC）、阿海珐公司；之后为 NDA
低放废物处置库有限公司（LLWR Ltd.）	英国核废物管理公司	低放废物处置库	优斯公司、斯图兹维克公司（Studsvik）、阿海珐公司
敦雷场址恢复有限公司（Dounreay Site Restoration Ltd.）	卡文迪什敦雷伙伴公司	敦雷场址	卡文迪什核公司、西图公司（CH2M Hill）、优斯公司
研究场址恢复有限公司（Research Sites Restoration Ltd.）	卡文迪什福陆合伙公司	哈维尔（Harwell）、温弗里斯（Winfrith）两个场址	卡文迪什核公司、福陆集团
斯普林菲尔兹燃料有限公司（Springfields Fuels Limited）	西屋电气（英国）公司	斯普林菲尔兹场址	西屋电气公司
卡彭赫斯特核服务有限公司（Capenhurst Nuclear Services Ltd.）	欧洲铀浓缩公司	卡彭赫斯特场址	欧洲铀浓缩公司

注：* 自 2016 年 4 月 1 日起，NDA 取消了塞拉菲尔德场址的母体组织制度，改为直接拥有塞拉菲尔德有限公司，旨在提高管理效率等，这是 NDA 近年来在管理体制上最大的变动。

4.3.2 英国原子能管理局（UKAEA）

英国原子能管理局是 1954 年依照《原子能管理局法》设立的，法律赋予它的职责是统一负责有关原子能事业的发展，包括核武器研究、发展、生产。随着核工业的发展，UKAEA 已先后几次进行改组。

目前，UKAEA 主要负责管理英国核科研和发展过程中遗留的反应堆和其他放射性设施的退役工作。UKAEA 的工作目标是"恢复我们的环境"。此外，UKAEA 还负责管理核聚变研究工作。

UKAEA 的收入主要来自不动产。同时，国防部向 UKAEA 提供资金用于承担部分国防部核责任，主要用于解决军事核活动遗留问题。欧洲原子能共同体为 UKAEA 在卡尔汉姆运行的核聚变研究装置提供资金支持。但是，UKAEA 的绝大部分预算还是来自英国贸易工业部的财政支持。

4.3.3 Nirex 公司

Nirex 公司于 1982 年成立，最初目的是为核工业提供低、中放废物处置服务。1997 年，

Nirex 公司为中放废物开发深地质处置库的项目被放弃。目前该公司继续提供放射性废物整备和包装标准的建议，与 DEFRA 联合编制英国放射性废物盘存量清单，作为英国放射性废物地下处置信息的重要来源。

为确保 Nirex 公司的建议不受核工业界影响，公司从 2005 年 4 月 1 日考虑与 DEFRA/DTI 共享所有权。为此，Nirex 公司与 DEFRA/DTI 成立了一个共同拥有股权的公司。Nirex 公司将根据 CoRWM 的建议以及政府按照 CoRWM 的建议所做的决策制订其长期计划。

4.4 咨询监督机构

2003 年 11 月，英国成立放射性废物管理委员会，目的是提出英国高、中放废物长期管理最佳方案或方案组合的建议。2007 年 10 月，CoRWM 进行了重组，新职能是负责审查英国放射性废物的长期管理计划，其主要任务是对英国政府和 NDA 的建议、方案和规划提供独立的审查。

4.5 费用管理机构

英国废物管理采用"谁污染，谁付费"的原则，废物产生者负责废物管理相关费用的评估、规划和支付，包括高放废物和乏燃料的处置费用。

NDA 负责管理公共部门的核安全，用于这些活动的资金来自政府的直接资金以及场址上商业活动的收入。

CoRWM 负责解决资金问题，以及利益相关者关于短期公共支出和长期地质处置之间矛盾的合理担忧。虽然没有提出有关长期资金机制的具体建议，但 CoRWM 指出，政府和 NDA 有必要更充分地考虑并解释他们将如何确保在地质处置的各阶段有适当的资金可供使用。关于利益相关者的活动经费，CoRWM 建议，政府应为参与活动提供资金。

第 5 章 ◇

法国放射性废物管理组织机构

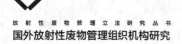
5.1　政策和立法机构

政府制定相关政策和颁发许可证，议会颁布核法律法规。

生态、能源、可持续发展和海洋研究部负责制定核废物管理有关政策。

工业、环境和健康部制定或起草法律法规，并经议会批准，同时负责核设施（包括废物处置设施）的选址、建设及运行许可证发放。

5.2　监管机构

5.2.1　国防核安全局（ASND）

ASND 负责军用核设施和军事核系统的组织和监管，同主管民用核设施安全的核安全局（ASN）保持密切合作。ASND 负责制定核安全和电离辐射的规范、军用核设施全过程审批、预防事故发生和限制事故后果扩大、监督核活动产生的风险及公共信息宣传。

5.2.2　核安全局

根据《TSN 法案》，法国成立了核安全局，作为独立的行政管理机构，负责监管所有民用核设施和活动的辐射防护以及基础核设施的安全。

（1）在放射性废物管理方面的责任

在乏燃料和放射性废物管理领域，ASN 的重点任务之一是出台各类放射性材料和废物的安全管理方案。对 ASN 而言，在执行此政策的同时，必须对放射性废物管理涉及的所有活动实施严格监督，重视放射性废物管理每一环节（产生、处理、包装、贮存、运输和处置）的安全。

ASN 对许可证持有者提供的报告、研究和建议进行检查，以满足《环境法案》第 L.542-1-2 条的要求。

ASN 认为应审查有关放射性废物管理的各主要核许可证持有者的政策和整体策略。为此要求法国电力公司（EDF）、原子能与可替代能源委员会（CEA）和阿海珐子公司 AREVA NC 定期提交文件，以描述其政策和策略。周期大约为 10 年。

（2）机构与人员

截至 2013 年 12 月 31 日，ASN 有在职员工 478 人，包括 374 名永久职员或合同职员、85 名来自公共机构［巴黎社会福利医院、CEA 和核安全与辐射防护研究院（IRSN）等］的职员。

ASN 员工的平均年龄为 43 岁。这一平衡年龄金字塔有助于 ASN 确保对核安全和辐射防护的动态控制，进而防止因习惯和日常工作造成危险，同时促进在青年人中形成安全文化、推动知识传播。ASN 的组织结构见图 5-1。

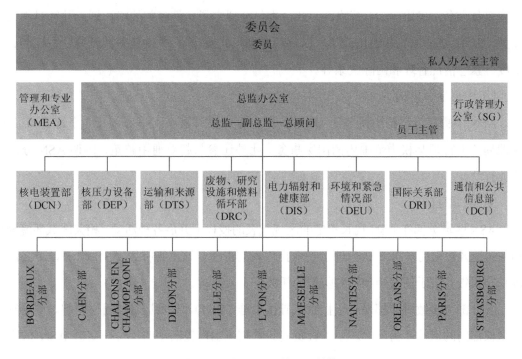

图 5-1　法国 ASN 的组织结构

1）委员会

ASN 由 5 名成员组成的委员会领导，由中央服务机构、区域代表和区域分部组成，三者均由委员在 3 名助理、1 名顾问和 1 名首席私人秘书轮流协助下进行管理。

委员会所有委员均在核安全和辐射防护领域有所建树，因此才能通过法令获得任命。其中 3 名委员（包括主席）由法国总统任命，另外 2 名委员分别由法国国民议会（法国议会的下议院）主席和参议院（上议院）主席任命。在获得任命后，委员即起草一份关于其现在持有的或过去 5 年在该机构管辖领域内获取的利益的声明。在其任期内，不得获取会

影响其独立性或公平的利益。另外在其任期内，也不能在公开场合表达个人关于该机构管理下产生的各种问题的意见。委员任期为 6 年，不可续期。只有经过委员会多数投票通过，确定不能胜任或辞职时，才能撤销委员的职务。若出现严重失职，总统可撤销任一委员的职务。

ASN 有自己的程序规则来管理其组织和运营，也有自己的道德规范。前者制定了相关条件和限制，在这些条件和限制范围内，任何委员都可将其部分权力委托给 ASN 局长，ASN 局长也可将自己的签字权委托给 ASN 服务机构内的代理。

委员会负责确定 ASN 策略。为此，委员会拟定了一份多年战略计划，并针对其关键任务编制了 ASN 原则和通用政策（以行动原则形式发布），关键任务涉及监管、控制、透明度、紧急情况管理和国际关系等。

2）中央服务机构

ASN 中央服务机构由秘书处（同时负责沟通）、法律和公司事务部及 8 个管理局组成。管理局负责管理其权力范围内的国家事务。此外还参与起草通用政策，协调 ASN 分部的整体行动。

3）区域分部

ASN 区域分部在 ASN 局长指定的区域代表的授权下开展各种活动。相关区域环境规划和住房地区管理局（DREAL）的主管承担代表的责任。该主管听凭 ASN 派遣，不必向行政长官报告其关于核安全和辐射防护的任务。

各分部大多数时间都是直接控制基础核设施（BNI），负责运输放射性材料，开展有关小型核部门的活动。另外，还要审查负责其管辖范围内核活动的官员提交给 ASN 的大部分许可证申请。

紧急情况下，各分部还要协助负责公众保护的行政长官，并确保为保护设施而进行的所有现场操作均在监控之下。ASN 各分部还参与编制由行政长官起草的应急计划，参与定期应急演习。

各分部还承担 ASN 向公众传达信息的任务。参加地方信息委员会（CLI）会议，定期与当地媒体、官员、环保协会、运营者和行政管理合伙人（如行政长官等）、区域医院治疗机构（agence regionale d'hospitalisation，ARH）及卫生与社会事务地区管理局（direction regionale des affaires sociales et de la sante，DRASS）等进行交流与沟通。

（3）经费

自2000年以来，履行ASN命令所需的所有人力及运作资源的费用都来自国家总预算。2013年，法国专门用于控制核安全和辐射防护的国家预算达1.738亿欧元，其分配情况如下：工资款项（员工薪酬）3 978万欧元；ASN中央服务机构和11个地区分部的行政经费3 927万欧元；IRSN为ASN提供技术支持的专用经费8 400万欧元；其他IRSN任务经费1 060万欧元；核安全与信息透明高级委员会（HCTISN）运营经费15万欧元。

（4）工作机制

《TSN法案》赋予ASN发布监管决议以阐述核安全和辐射防护相关法令和指令的资格，但在发布前这些决议须经核安全或辐射防护主管部长批准。此外，还赋予ASN权力，可在整个设施使用期（包括退役期）内强制要求许可证持有者遵从各项规定，如要求其纠正异常情况或防范特定风险。

根据《TSN法案》，委员会将ASN意见提交给政府，并发布ASN的重大决议。委员会成员要完全公正行事，不听命于政府或任何个人或组织。

《TSN法案》列举了ASN采纳的各种监管决议或个别决议，如：

- 执行核安全或辐射防护相关法令或指令的技术监管决议；
- BNI试运行许可证；
- 有关放射性物质或使用电离辐射的医疗机构或医疗设备的许可证或证书。

5.3 执行机构

5.3.1 原子能与可替代能源委员会

法国原子能委员会最初成立于1945年，2010年更名为法国原子能与可替代能源委员会。

（1）职能

CEA承担军用、民用核研究设施的退役，支持国家核防御行动，还负责高放废物、长寿命放射性元素的分离、嬗变和长期处置研究。作为核设施的营运者，CEA是主要核基地和核研究场址的拥有者，负责管理大部分核设施（包括正在退役或即将退役的核设施）；作为国有机构，也担负着核设施退役和放射性废物管理的特定任务。

（2）组织结构

CEA 设有业务部门、职能部门和跨计划部门，业务部门和职能部门组成了矩阵式管理体系，如图 5-2 所示。

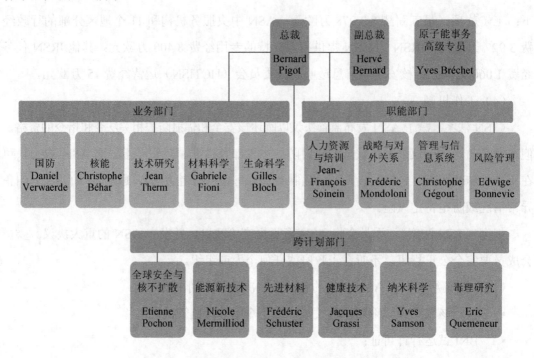

图 5-2　CEA 的组织结构（2012 年 12 月 31 日）

（3）人员与经费

截至 2014 年，CEA 共有员工 15 958 名，包括技术人员、工程师、研究员和合作者。

CEA 的经费直接由财政部审核，2014 年预算额为 43 亿欧元（其中民用 26 亿欧元、军用 17 亿欧元），其中民用计划经费 47%由政府拨款，31%来自合作企业和欧盟，其余来自民用核电站的退役拆除和清污专用基金。与 CEA 已建立合作伙伴关系的企业有 500 多家。军用计划经费由国防部直接拨款。

CEA 用于乏燃料和放射性废物管理日常运行的资金来源于国家津贴。"遗留"设施清洁和退役废物（包括这些设施运行期间产生和贮存的废物）的回收和整备资金来自专项基金。2010 年经核政策委员会批准，该基金由国家准备金供给。这些基金从根本上为乏燃料和放射性废物设施整个寿期内的安全提供了有效保障。

5.3.2　法国国家放射性废物管理局（ANDRA）

ANDRA 成立于 1979 年，是 CEA 的一个分支机构。根据《1991 年废物法》，ANDRA 从 CEA 中独立出来，成为具有商业性质的公共机构。它独立于废物产生单位，由生态转型与团结部（前生态、能源、可持续发展和海洋研究部）和研究部管理。

（1）职能

ANDRA 作为商业性质的公共机构，负责为法国所有放射性废物寻求和实施安全管理方案，以便保护当代人和后代，使其免于承担放射性废物产生的风险。

ANDRA 在政府工业、环境和科研部门的监督下开展工作，负责法国国内所有军用、民用核设施运行及退役产生的放射性废物长期管理，开展高放废物的研究开发工作，包括处置库选址、建造、运行、关闭及其相关研究。

1991 年 12 月 30 日法案以及《1991 年废物法》规定了 ANDRA 的职责。前者将 ANDRA 确定为公共机构，赋予 ANDRA 研究高放废物和中放长寿命废物（ILW-LL）深层地质处置的责任；后者确定了 ANDRA 的职责范围，委托 ANDRA 承担以下职责：

- 设计、科研和技术开发
  - 为还不具备处置方案的放射性废物研究和设计可持续管理方案，包括高放废物、中放长寿命废物和低放长寿命废物（LLW-LL）。
- 行业职责
  - 收集并负责管理所有放射性废物；
  - 运营和监督放射性废物处置中心。
- 公共服务和信息职责
  - 收集各个来源的放射性废物；
  - 清除并恢复受放射性污染的场地；
  - 编制法国国家放射性材料和废物存量清单，每 3 年发布一次；
  - 提供有关放射性废物管理的明确、可验证信息；
  - 召开会议，促进与所有利益相关者对话。
- 法国和国际专业知识的技术转让
  - 促进国家、欧洲和国际层面的科技协作；
  - 开拓 ANDRA 在法国和国际上的技术服务业务；

○ 在放射性废物管理领域，广泛宣传相关科技知识。

关于大量废物的退役作业，ANDRA 侧重以下四个方面工作：

- 优化管理方案，考虑从产生到处置的所有阶段，考虑操作员所受照射、处置能力、成本等各项因素。

- 寻找替代管理方案，以便在各个场址进行处置。从废物管理角度选择退役策略时，向许可证持有者提供技术服务，以便尽量从上游介入。

- 针对废物表征和包装开展研发工作。

- 帮助主管部门制定在退役废物管理方面需采取的政策。

（2）组织结构

ANDRA 总部位于巴黎附近，设有科技部门、项目部门、工业部门、风险管理部门、秘书处、人力资源部门、国际交流与合作部门等。ANDRA 不仅设有法定的管理委员会，还成立了 3 个由法国和外国专家组成的咨询委员会，协助其审查工作。根据 1992 年 12 月 30 日第 92-1391 号法令成立的科学理事会负责审查 ANDRA 的科技政策和成果。

1992 年 12 月 30 日第 92-1391 号法令规定了 ANDRA 的组织结构。《环境法案》第 R.542-1 条对其做了调整。2010 年 1 月 13 日第 2110-47 号法令再次对其进行变更。根据上述法令，ANDRA 包括以下机构：1 个董事会（包括 1 名国民议会成员或 1 名参议员、6 名国家政府代表、关注代理机构运营的 7 名合格经济活动代表、3 名合格人员和 8 名员工代表）；1 名按法令任命的首席执行官；1 名政府专员，系主管能源的能源局局长；1 个财政委员会；1 个咨询市场委员会；1 个国家放射性领域援助委员会（CNAR）；1 个科学委员会。

截至 2014 年年初，ANDRA 共有约 610 名员工，67%为工程师和经理。其中 115 名员工负责常规管理或执行横向支持，如人力资源、采购、管理、会计、法律事务、信息体系、通信和国际事务。约 150 名员工直接参与操作活动（主要是地表处置设施的操作和监测）和各种服务，旨在优化法国的放射性废物管理。

研发部门约有 100 名员工，承担 ANDRA 在各个领域（如水文地质、材料、生物圈和建模等）的所有研发活动。该部门参与在运及规划处置设施的安全研究。

规划、工程及 Cigéo 项目部门约有 75 名员工，与风险管理部门联合，整合各阶段的安全和安保问题，组织研究未来废物管理方案的设计。

地下研究实验室部门约有 100 名员工，其任务是确保实验室的运行和维护，开展现场实验，调查未来的处置场址，开展通信相关的活动，以便验证将来在场址附近建造的处置设施。

目前，ANDRA 负责运营以下放射性废物管理设施：①1 座极低放废物处置场；②2 座短寿命低、中放废物处置场：芒什处置场，处置容量 52 万 m³；奥布处置场，处置容量 100 万 m³，已处置 28 万 m³；③1 个工业收集、贮存和处置中心；④1 个高放废物地质处置地下研究实验室。

（3）经费

自 2007 年 1 月 1 日起，ANDRA 的经费主要有以下来源：

①ANDRA 商业活动（放射性废物处置设施的运行和监测、研发、废物接管或污染场址的恢复）的商业合同。与 ANDRA 签订合同的废物产生者主要有 EDF、AREVA 和 CEA。

②一项津贴。用于编制国家存量清单、收集和接收少量放射性废物［如生物研究实验室和受污染需要去污的医疗产品（镭针等）或含镭产品（盐、罗盘等）］以及在缺少责任机构的情况下治理被放射性物质污染的场址。根据《环境法案》的规定，ANDRA 必须获得一项国家津贴，按照《环境法案》第 L.542-12 条第 1～6 款中规定的条件为委托给 ANDRA 的公益任务提供经费。为发布关于此津贴使用的意见，ANDRA 成立了国家放射性领域援助委员会（CNAR）。

③一项担保税。根据《环境法案》第 L.542-12-1 条，ANDRA 管理一笔内部研究基金，为高放和中放长寿命放射性废物的贮存和深层地质处置相关研究提供经费。此研究基金来源于 BNI 研究税以外的附加税。此附加税取代了 ANDRA 和废物主要产生者之间的商业合同，以确保能长期为放射性废物研究和管理提供经费。ASN 基于《环境法案》确定的统一费率总额和法令制定的倍增系数，按"污染者担责"原则向废物产生者征收此税。统一费率总额视具体设施（核电装置、燃料处理装置等）而定。

④自 2014 年 1 月 1 日起，Cigéo 项目设计研究和所有工作的费用均来源于 ANDRA 固有的"设计"基金（《环境法案》第 L.542-12-3 条），该基金源于废物产生者的缴款。

⑤《1991 年废物法》新增了一项财政措施，内容为：用于建造、运行、最终停运、维护和监测 HL-IL/LL 废物贮存或处置设施（由 ANDRA 建造或运营）的资金将通过在 ANDRA 内建立的一项内部基金得到保障，并按协议规定由 BNI 运营者的缴款提供。

BNI 运营者必须留出足够的资金作为其废物和乏燃料的管理费用及退役活动的费用，

并分配足量资产来满足这些要求，为中长期内 ANDRA 活动的资金来源提供一定程度的保障。

5.4 咨询监督机构

（1）国家评审委员会（CNE）

依据《1991 年废物法》，国家评审委员会为咨询监督机构。CNE 负责放射性废物安全管理研究和开发计划的评估，为国会和政府提供咨询；审查 ANDRA 的安全评审意见书，并向政府提供意见和建议。

（2）核安全与信息最高委员会（CSSIN）

核安全与信息最高委员会是一个咨询机构，集中了来自各个行业的知名人士，包括议员，科学、技术、经济、社会各领域人士，信息专家及工会代表等，负责涉及核安全的所有问题以及公众和媒体的信息处理。在核应急情况下，相关部门必须向该委员会及时通告信息。

（3）核安全与辐射防护研究院（IRSN）

核安全与辐射防护研究院是国家在核与辐射安全领域的技术支持机构，承担军用、民用核设施的安全技术审查工作，审评相关报告和技术文件，制定核安全和辐射防护监管的政策、规章和技术标准等，并将最终审评意见和结论提交政府进行决策。

（4）秘密基础核设施的信息委员会（CI）

秘密基础核设施的信息委员会负责秘密基础核设施的信息宣传。每座秘密基础核设施都设有一个信息委员会。运营者每年向信息委员会提交一份场址核安全年度报告。

（5）地方信息委员会

地方信息委员会负责民用核设施的信息交流。法国共有 53 个地方信息委员会，成员有 3 000 多名。委员会由选举人、协会、工会代表、有地位人员、运营者和政府部门的代表组成。

5.5 费用渠道

（1）退役专项基金

为保证未来清污和退役的开支，CEA 建立了两个专用基金，即军用和民用专用基金，由 CEA 财务部管理。民用专用基金由流动财政资金、CEA 在 AREVA 中所持的 79%股份的 15%资金组成。军用专用基金由 EDF、AREVA 的补助金，以及政府按照《军事规划法》的拨款构成。

（2）放射性废物专项基金

ANDRA 负责放射性废物专项基金的管理。放射性废物管理经费由运营者承担。EDF、AREVA 和 CEA 这 3 个主要运营者建立独立的账户储备相关经费，并根据 5 年计划向 ANDRA 提供资金。

（3）BNI 税款

BNI 税款按照《2000 年财政法》（1999 年 12 月 30 日第 99-1172 号法令）第 43 条规定征收。《TSN 法案》第 16 条规定，ASN 局长代表国家负责管理 BNI 税款。2010 年，该项税收总计 5.846 亿欧元，计入国家总预算。

（4）放射性废物附加税

对于核反应堆和乏燃料处理装置，《1991 年废物法》设立了 3 项 BNI 附加税，分别为"研究"税、"经济激励"税和"技术扩散"税，并将其用于资助经济开发行动及 ANDRA 关于废物贮存和深层地质处置设施的研究活动。

2013 年，这 3 项税收共计达 1.549 4 亿欧元。最后一项是 2009 年 12 月 30 日第 2009-1673 号法案专门针对处置设施设立的附加税。此税直接付给处置设施周围的各个市和社团合作公共机构。2013 年，由此税获得的收益达 330 万欧元。

第 6 章 ◇

俄罗斯放射性废物管理组织机构

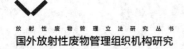
俄罗斯负责放射性废物管理的机构包括俄罗斯联邦委员会，国家原子能集团公司（Rosatom），联邦环境、工业与核监督局（Rostechnadzor），放射性废物管理国家运营组织（NO RAO），放射性废物专业组织（RosRAO）等。国家原子能集团公司是俄罗斯在放射性废物管理领域的管理机构。联邦环境、工业与核监督局为核与辐射安全的监管机构。放射性废物管理国家运营组织是国家放射性废物管理运营者。放射性废物专业组织是放射性废物管理设施设计、建造、设备制造、放射性废物运输和贮存的专业机构。

6.1 政策和立法机构

俄罗斯总统、联邦委员会（议会上院）和国家杜马（议会下院）是俄罗斯核工业发展的最高决策机构，负责原子能相关政策法规的制定、审议和颁布。俄罗斯总统办公厅、俄联邦安全委员会等机构协助总统做出核工业发展决策。

6.2 监管机构

联邦环境、工业与核监督局根据 2004 年 5 月 20 日普京总统令组建，由核安全局和环保局合并组成，属于俄联邦政府内设机构。该机构是独立于原子能活动相关组织的核安全监督部门，负责放射性物质排放许可证的发放、核设施安全监管、辐射防护、环境保护、资源利用等活动以及放射性废物管理联邦法律规范的制定、批准和监督。

该机构纳入了原国家核及辐射安全监督委员会（GAN）的职能，下设 3 个机构，分别是国家核监督机构（FASN）、国家技术监督机构和自然资源利用与环境监督机构。

国家核监督机构一直试图效法美国核管理委员会。该机构主要负责核安全相关法规的制定，包括有关核及辐射安全、核材料管制与衡算、实物保护、放射性废物管理及工业安全等管理导则的制定；核设施核查，核材料、核电及放射性物质使用的安全监督；安全许可证发放；以及核安全评估，包括向联邦政府及其他部门提出建议。

6.3 执行机构

6.3.1 俄罗斯国家原子能集团公司

根据 2007 年 12 月 1 日颁布的俄罗斯法律，原俄罗斯联邦原子能署于 2008 年改制成立俄罗斯国家原子能集团公司。该公司整合了俄罗斯所有核工业企业，总部位于莫斯科，是一家非营利的国有企业，直接向总统负责。按照俄罗斯联邦法律第 317-FZ 号授权，Rosatom 代表俄罗斯开展核能和平利用活动，并确保核不扩散。

（1）职能

Rosatom 负责俄罗斯核能政策的实施，并在核电及核工业链的各个领域都拥有自己的资产，其中包括地质勘探与铀矿开采、核电站的设计和建造、热力与电力的生产、铀浓缩与转化、核燃料制造、核设施退役，以及乏燃料与放射性废物的管理等。其中，在乏燃料与放射性废物管理方面，Rosatom 负责对放射性废物实行国家统计和控制，为放射性废物处置提供资金，监督全国运营商的活动，制定废物处置点和废物整备等技术要求。

（2）组织结构

截至 2013 年年底，Rosatom 共拥有 37 家联邦单一国有企业、6 家私有机构、25 家控股公司、16 家由 Rosatom 代表俄罗斯联邦控股的联合控股公司以及 2 家由 Rosatom 持股的联合控股公司。Rosatom 控制和管理的实体总数超过了 360 家，包括管理实体、运营实体、附属设施以及各种非核心资产。

Rosatom 的基本管辖范围分 4 个部分：一是核武器制造；二是核材料生产；三是核燃料循环工业（军民两用）；四是核电建设与运行。俄罗斯民用核工业机构体系参见图 6-1。

截至 2015 年，俄罗斯核工业发展整整经历了 70 年。70 年来，俄罗斯核工业管理体制历经中型机械部、原子能部、原子能署以及如今政企合一性质的 Rosatom，总体来看是一脉相承的。1953 年，苏联成立中型机械部，负责核工业体系的管理工作。1986 年成立了专门的苏联原子能部。苏联解体后，1992 年成立俄罗斯原子能部。2004 年，原子能部改名为原子能署。2007 年 12 月，原子能署改制为俄罗斯国家原子能集团公司，核工业管理体系由政府机构改制为企业集团化运作模式。

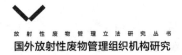
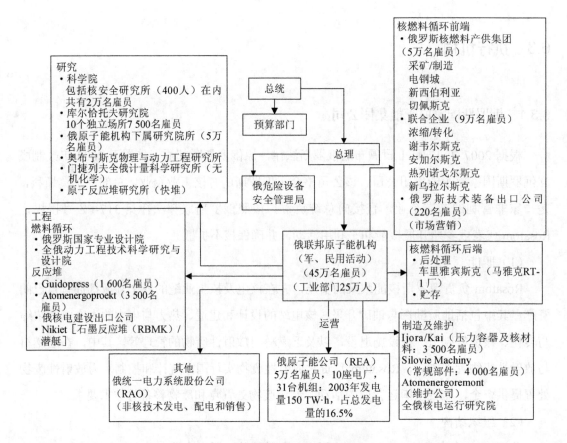

图 6-1　俄罗斯民用核工业机构体系

2005 年 11 月 15 日，基里延科被任命为俄罗斯原子能署署长，开始从事核能管理工作。2007 年 12 月 12 日时任俄罗斯总统普京任命其为俄罗斯国家原子能集团公司总经理，掌管经过改制后的国家核工业的发展。基里延科曾经承诺通过高技术产品和服务出口每年为俄罗斯带来 35 亿美元的外汇收入。

Rosatom 在管理层级设立了监管委员会、董事会、监察委员会、总经理、副总经理。其中监管委员会由 9 人组成，1 人为 Rosatom 总经理，其余 8 人由国家安全委员会常务委员、总统助理、政府副总理、政府军工委员会办公厅主任、国家法规局局长、能源部部长、经济发展部副部长、国家安全局经济局局长担任。监管委员会成员由总统任命，代表总统和政府负责 Rosatom 的战略发展，委员会主席由国家安全委员会常务委员担任。

董事会由总经理、8 名副总经理（安全、预算、核武、发展及国际业务、运营管理、创新、财务、国际合作）、1 名职能部门主任（生产体系发展部）、4 名板块负责人（核与辐射安全国家政策部、核能机械集团、燃料元件集团、核电康采恩）组成，董事会成员由监管委员会根据 Rosatom 总经理的提名任命，为固定职位。

监察委员会由国家监察委员会、财政部军费司、国家审计委员会、国防部国防工业局的高管人员组成，由监管委员会批准该委员会的委员人事任命。

俄罗斯核能战略方针政策由 Rosatom 负责执行，并受总统、政府授权的委员会监督管理，公司发展战略需要经过监管委员会批准，公司的使命就是实现国家的战略思想。

在集团内部管理方面，Rosatom 设立了科技委员会、公众委员会、仲裁委员会、活动透明度提高委员会和 15 个职能部门。其中科技委员会下设 10 个专业分委会（核能装置及核电站；核材料及燃料工艺；核电原材料；核设备制造工艺；可控热核及新能源工艺；核素、激光、等离子辐射工艺；核电新工艺平台；核能领域复合材料、环境核安全；实体保卫；核能领域经济创新）。15 个职能部门包括：集团生产体系发展部、总监、组织发展部、燃料循环和核电站管理部、内部监督和审计部、投资及业务效率管理部、法规部、财务部、投资部、人力部、总会计师、采购管理部、公共关系部、信息技术部和总经理秘书组。

据统计，Rosatom 现有员工 27.5 万人。拥有 10 座国内核电站，33 台运行机组，8 台在建机组；10 座国外在建核电站项目；904 家核能设备制造厂；540 家核能服务机构和公司；17 家燃料循环企业（312 个项目）；39 个核材料及放射性废物贮存场，包括 3 个深井废液处置场；75 个研究堆；6 176 个辐射危险项目；109 家核燃料循环领域科研实验设计单位；28 个原子能船项目，其中包括 8 条核动力船、2 个核材料库、1 个液废处置场、1 个在建浮动堆。

6.3.2 放射性废物管理国家运营组织

2012 年，根据俄罗斯《放射性废物管理法》，俄罗斯国家原子能集团公司成立联邦政府独资公司——放射性废物管理国家运营组织，统一负责全国放射性废物的处置工作，包括放射性废物国家统计和控制。

NO RAO 是唯一开展放射性废物最终处置的机构。

（1）职责

根据法律要求，NO RAO 致力于解决苏联遗留下来的核废物和新形成的放射性废物问题，主要目标是实施放射性废物的最终处置。其主要职责包括：

①对接收的废物进行安全处理；

②放射性废物填埋场的开发与关闭；

③提供核与辐射安全、技术和火灾安保，环境保护；

④对放射性废物填埋场进行放射性监测，包括关闭后的定期辐射监测；

⑤履行放射性废物填埋场工程和建造的雇主职责；

⑥预估放射性废物的处置体积，建造废物处理的基础设施，将相关信息通过网络等方式公开；

⑦为政府的核材料控制和统计系统提供技术和信息支持；

⑧对于国家运营者建造的放射性废物处置填埋场，为居民、政府机构、当地和其他机构提供放射性废物安全处理和辐射环境相关信息。

（2）组织机构

NO RAO 的母公司是俄罗斯国家原子能集团公司。NO RAO 包括 1 个中央机构和 3 个地区分部。

（3）开展的活动

NO RAO 的主要任务是管理俄罗斯的乏燃料和放射性废物，未来的发展目标是成为可以提供燃料循环后端技术服务的国际供应商。

NO RAO 完成了一座地下研究实验室的设计工作。该实验室将用于研究在列兹诺戈尔斯克（Nizhnekansky）花岗岩地质区域对高放废物和长寿命中放废物进行最终处置的可行性。这些放射性废物将在地下 450～525 m 的区域处置。俄罗斯国家原子能集团公司正就设计方案进行审查。俄罗斯最初将最终处置场址选在莫斯科以东 7 000 km 的赤塔市，2008 年最终确定场址在 Nizhnekansky。该场址第一阶段将接收 2 万 t 低中放废物，且是可回取的。

车里雅宾斯克和托木斯克地方政府已经批准在马亚克生产联合体和西伯利亚化学联合公司的场址对低放废物和中放废物进行处置。

6.4 咨询监督机构

联邦预算机构核与辐射安全科学工程中心（SEC NRS）和联邦统一国有企业（FSUE）"VO 安全"是 Rostechnadzor 管辖下的两个核与辐射安全技术支持组织，为 Rostechnadzor

的活动提供科学与技术咨询。

6.5　费用管理机构

俄罗斯用于放射性废物管理的资金来源包括联邦预算资金、联邦主体预算资金、地方预算资金、废物产生者支付的特殊准备金、自有资金或者法人的介入资金、个人资金，以及其他不被联邦法律禁止的资金来源等。

废物产生者支付的特殊准备金由 Rosatom 负责管理。

第 7 章 ◇ 德国放射性废物管理组织机构

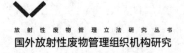
德国政府决定所有放射性废物均需在深部地质体中处置，要求处置库应于 2030 年前建成运行。除已后处理的乏燃料外，德国将对乏燃料实施直接处置。

鉴于德国北部有 200 个大小不同的盐丘以及岩盐具备的优点，德国从 20 世纪 60 年代就选定岩盐作为放射性废物处置库的围岩，并开始放射性废物处置研究工作。20 世纪 60 年代建成位于盐矿中的 Asse 实验处置库，运行期为 1967—1978 年，70 年代建成 Morseleben 处置库，运行期为 1971—1998 年。1976 年起在康纳德（Konrad）铁矿废弃矿井中进行处置非发热废物的研究。

1977 年，选择戈勒本（Gorleben）盐矿作为高放废物地质处置库的候选场址。1979—1984 年开展了地表地质调查。1986—1994 年开挖两个深达 840 m 的竖井。1996 年起开展了综合的坑道场址调查工作。2000 年德国绿党执政之后，于 2001 年 6 月 11 日通过一项协议，决定德国今后放弃核电，并暂停 Gorleben 场址的调查工作。

7.1　立法与决策机构

（1）国会

国会（国家联邦议院）是德国联邦的立法机构，负责放射性废物管理相关法律的审议和批准。

（2）联邦经济和技术部（BMWi）

联邦经济和技术部负责放射性废物处置的有关技术开发工作。其下属的联邦德国地球科学和自然资源研究院（BGR）、卡尔斯鲁厄核研究中心为技术支撑单位，开展场址调查、地学研究、工程地质研究、岩石力学研究和核素迁移等工作。还下设有项目管理部，负责管理放射性废物管理相关的研究项目、经费拨付等。

7.2　管理体制

德国原有的管理体制较为独特。放射性废物管理的研发工作由经济和技术部负责，而废物管理项目的实施和监管均由联邦环境、自然保护、建筑和核能安全部（BMUB）负责，废物管理所需的费用先由 BMUB 下属的辐射防护办公室（BfS）做出年度预算，再由废物产生单位支付。废物处置设施的设计、建造和运行由专营公司——废物处置设施建造和运行公司（DBE）负责。德国目前已有 Konrad 处置库、Gorleben 勘探设施、莫斯勒本处置库等处置设施，均由废物处置设施建造和运行公司负责建造和运行。处置设施的选址和场址评价则由经济和技术部的联邦德国地球科学和自然资源研究院承担。在绿党上台、暂停废物管理计划期间，废物处置设施建造和运行公司仍然获得足够的维持经费。

　　放射性废物的所有者须将放射性废物送交废物处置库，或者送到联邦州放射性废物收集与贮存设施处。放射性废物送至联邦州放射性废物收集与贮存设施处后，其所有权转移至联邦州放射性废物收集与贮存设施。因此，放射性废物整备的责任由联邦州放射性废物收集与贮存设施的营运者承担。根据《原子能法》第 9a 节第 3 段，联邦各州建造联邦州放射性废物收集与贮存设施，用于贮存其辖区内产生的放射性废物。研究、医药和工业产生的、非释热放射性废物在这些设施中贮存。核电厂运行产生的放射性废物由核电厂营运者负责贮存和整备。根据《原子能法》第 9a 节第 3 段，联邦负责建造放射性废物处置设施，用于处置放射性废物。根据《原子能法》第 23 节第 1 段第 2 小段，BfS 负责废物库的建造和运营，由第三方代表 BfS 实施。例如，对于 Asse II 矿井，代表 BfS 的第三方是联邦所有的 Asse 公司。对于 Donrade 矿井、放射性废物库（ERAM）和 Gorleben 矿井，则由废物处置设施建造和运行公司作为第三方。另外，BfS 是废物库（尤其是产热的放射性废物）选址的项目执行机构，目前转为放射性废物处置联邦公司（BGE）。

　　德国核设施批准和监督以及放射性废物管理责任见表 7-1。

表 7-1　德国核设施批准和监督以及放射性废物管理责任

材料	处置	法律依据	主管部门	监督机构	设施（实例）
核燃料和有裂变物质的废物	施工和运行	《原子能法》第 7 节	BfE	BfE	PKA，VEK
	处理，使用	《原子能法》第 9 节	BfE	BfE	设施外面的活动遵守《原子能法》第 7 节（例如，实验室处理和染料用于研究）
	贮存	《原子能法》第 6 节	BfS	BfS	Gorleben，Ahaus，现场贮存设施
	进口和出口	《原子能法》第 3 节	联邦经济和出口管制办公室（BAFA）	联邦政府	——

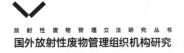

材料	处置	法律依据	主管部门	监督机构	设施（实例）
符合《原子能法》第2节第3段的其他放射性废物（如裂变物质含量低的废物）	处理，如贮存	《辐射防护法》第7节*	联邦州主管部门	联邦州主管部门	联邦各州收集设施、贮存设施、整备设施
产热忽略不计的放射性废物	处置	《原子能法》第9b节	BfE（对于Knorad和ERAM，联邦州主管部门仍作为过渡性规定）	废物库	ERAM，Konrad废物库
产热放射性废物	处置	《原子能法》第9b节第1a段	BfE	废物库	—

注：对于处置放射性废物的联邦设施，没有按照《原子能法》第19节规定进行监督。该类设施由BfS内部适合监督废物库的单位监督。联邦环境、自然保护、建筑和核安全部（BMUB）分别对BfS和BfE进行全面的法律和技术监督。
* 除非该活动已经按照《原子能法》的第6、7、9或9b节纳入了许可证范围。

核燃料贮存设施由联邦各州监督、BfS许可的电力部门经营。BfE负责审批计划或颁发废物库许可证。Konrad废物库和ERAM执行过渡性措施，暂时由联邦各州许可。根据《原子能法》第24节，联邦各州负责许可和监督其他废物管理设施。

7.2.1 监管机构

（1）联邦环境、自然保护、建筑和核安全部

联邦环境、自然保护、建筑和核安全部负责制定放射性废物管理安全政策、法规，提出安全标准，对实施的放射性废物管理项目进行年度预算，对所有许可证和实施活动进行监督。

联邦政府通过组织法令规定联邦内务部（BMI）负责核安全和辐射防护的监管。1986年切尔诺贝利事件之后，该责任转交给新成立的联邦环境、自然保护和核安全部（BMU）。而BMI负责环境保护和《原子能法》。2013年12月，BMU改组为联邦环境、自然保护、建筑和核安全部，联邦政府核监督部门的组织、人员配备和资金由BMUB负责。BMUB拥有组织权力，并向联邦年度预算部门申请必需的人力和资金资源。

（2）联邦放射性废物管理署

BfE 是联邦环境、自然保护、建筑和核安全部内部独立的高级联邦部门。根据《原子能法》、《选址法》（StandAG）和其他联邦法律的授权，BfE 负责联邦政府在放射性废物管理设施许可方面的行政管理工作。

根据《选址法》，制定了关于成立联邦放射性废物管理署的法令。该法令于 2014 年 1 月 1 日实施。根据该法令第 2 节，BfE 负责与放射性废物处置设施许可和安全保护有关的行政管理工作，包括按照《原子能法》第 9b 节进行放射性废物处置计划的审批和许可以及撤销批文与许可证。

根据《原子能法》和《选址法》，BfE 对放射性废物处置库的选址进行控制，并接受 BMUB 监督。

关于许可证申请审批产生的费用，由主管部门（联邦和联邦各州部门）向申请人收费。该项收费补偿主管部门的费用和指定专家的咨询费。

（3）州政府

州政府负责审批、颁发相关处置设施的许可证。

7.2.2　管理机构

（1）联邦环境、自然保护、建筑和核安全部

联邦政府核能主管部门是 BMUB 的下属部门——反应堆安全总署（RS）。RS 包括 3 个董事会（核能设施安全、辐射防护、核燃料循环）。其中，负责履行《乏燃料管理安全和放射性废物管理安全联合公约》在乏燃料管理安全和放射性废物管理安全方面义务的部门是 RS Ⅲ 董事会（核燃料循环）。截至 2014 年 1 月 1 日，RS Ⅲ 董事会及其 5 个分部共有 36 名工作人员。

（2）辐射防护办公室

根据《原子能法》第 9a 节第 3 段，放射性废物处置库的规划、建造和运营由 BfS 组织实施。目前，高放废物和乏燃料的处置工作由新成立的组织 BGE 负责实施。BMUB 负责对 BfS 进行技术和法律监督。

1）职责

BfS 在辐射防护方面履行联邦行政管理职责，包括辐射防护措施以及核能安全、放射性物质运输和放射性废物管理、放射性废物处置设施的建造和运行等。

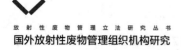
2）人员与结构

BfS 通过在放射性废物管理方面提供技术和科学建议支持 BMUB 履行责任。这些工作主要由 BfS 的核废物管理安全部门（SE）完成。SE 部门分为 6 个分部，其中 4 个负责实施和指导放射性废物管理项目和设施。对于一般性装置和现场相关问题，BfS 成立了专门的部门。

目前，SE 及其 6 个分部以及废物库/废物库项目信息中心共有 188 名工作人员。

BfS 还为核设施退役方面提供技术建议。主管核设施退役的部门属于核工程安全部（SK）。

3）开展的工作

德国原子能委员会（前原子能部的咨询机构）在 1957 年 12 月的备忘录中指出了在放射性废物管理方面进行综合研发的必要性。1976 年，《原子能法》将放射性废物处置的要求纳入其中。1979 年 9 月 28 日修订的《处理和处置核动力装置乏燃料的准备原则》将"证明乏燃料安全有保障"作为获得核动力装置调试和运行许可证的前提条件。

德意志民主共和国在 Sebnitz 市 Lohmen 成立了放射性残料与废物管理署，该机构从 1959 年 4 月 1 日开始运行，其任务是登记、运输、处理和收集以及处置放射性残料与废物。德意志联邦共和国自 1965 年开始在 Asse II 盐矿中处置放射性废物。从 1967 年到 1978 年年底，大约有 47 000 m³ 的低水平和中水平放射性废物在这里处置。从 1988 年开始，地下水持续从表土流入盐矿。同时，由于覆盖的表土压力以及矿井工程承载能力的下降，盐矿稳定性不断降低。

根据《原子能法》第 57 b 节，Asse II 盐矿必须立即退役。作为该设施的主管方，BfS 于 2009 年 2 月 11 日采用书面形式向下萨克森环境气候保护部（NMU）申请按照《原子能法》启动废物管理计划审批程序。

德意志民主共和国在 20 世纪 60 年代后期开始寻找适合低水平和中水平放射性废物的中央废物库。最后选择 Morsleben 的 Bartensleben 盐矿。1981 年年初，签发 Morsleben ERAM 临时许可证。德国统一后，在 1998 年 9 月之前，ERAM 由 BfS 经营，用于处置来自全德国的低水平和中水平放射性废物。

为了监督是否遵守了《原子能法》的要求以及废物管理计划审批中的规定，BfS 针对 Asse II 盐矿、ERAM 和在建的 Konrad 废物库成立了内部废物库监督部门（EU）。该部门目前配备了 12 名人员。从组织角度来说，EU 与 BfS 中负责废物库施工和运营的部门分离开了。此外，BfS 还设有质量管理处，该处有总计 11 名工作人员负责质量保证。

　　对于释热废物，成立新的放射性废物管理机构，与 BfE 一起负责该类废物处置库的选址程序。该类废物处置库的批准程序一般作为放射性废物管理计划审批程序执行。如果按照法律确定了设施场址，应用许可证申请程序取代计划审批程序。BfE 负责计划审批和许可，BfS 为许可证的申请者。

　　4）经费

　　按照《原子能法》第 21b 节和《放射性废物长期贮存和处置设施建造预付款条例》（Endlager VlV），BfS 向未来往废物库送交处置废物的机构收取用于补偿成本的预付款。预付款金额由废物库项目联邦主管部门根据支出预估测算。用于选址的资金来自按照《选址法》第 21 节等向废物产生方摊派的费用。

　　BMUB 在反应堆安全研究（包括核燃料供应和废物管理）方面安排了大约 22 000 000 欧元的年度预算，并在辐射防护方面另外安排了 9 000 000 欧元。这些资金用于顾问委员会［反应堆安全委员会（RSK）、辐射防护委员会（SSK）和核废物管理委员会（ESK）］的工作、直接支持 BMUB、科技支持以及外部专家参与国际合作等。同时，该预算也是放射性废物处置相关项目资金的来源，还用于维持作为联邦政府核能安全专家机构的 GRS。

　　BMWi 为核能安全研究（在反应堆安全和放射性废物管理与处置领域）提供了大约 34 000 000 欧元/a 的资金。该资金的 2/3 分配给反应堆安全研究。在此框架下大约可资助 100 个研究项目。在放射性废物管理与处置的基础研究领域，大约同时资助 70 个项目，占用大约 1/3 的资金。

　　BGR（BMWi 的下属机构）负责与德国废物库项目有关的地球科学问题的研究，参与废物库研究工作。BGR 的机构资金来源于 BMWi 的预算，但在处置领域的特定任务则由废物产生方按照《原子能法》、《放射性废物长期贮存和处置设施建造预付款条例》以及从 2013 年 7 月 27 日开始通过《选址法》另外提供资金。

7.2.3　执行机构

（1）德国放射性废物处置联邦公司

2016 年，德国根据《原子能法》成立专门负责放射性废物处置库开发、建设与运行的机构——德国放射性废物处置联邦公司。

1）职责

BGE 的任务由《原子能法》和《选址法》确定。根据《原子能法》第 9a 章第 3 段，

建设放射性废物处置库是联邦政府的责任。联邦政府将这一责任和相关权力转交给 BGE。根据《原子能法》，BGE 是 Asse II、Gorleben、Konrad、Morsleben 等处置设施的营运者。但联邦政府对 BGE 负有监督责任。

《选址法》对释热放射性废物处置库选址进行了规定。其中第 6 章规定了 BGE 的职责，包括：

- 编制选择场址地区与场址的建议和方案；
- 开发场址相关调查方案和验证标准；
- 实施选定场址的地表和地下调查；
- 准备和实施安全相关调查；
- 向 BfE 建议释热放射性废物处置库场址。

2）组织结构

BGE 的组织结构由《原子能法》第 9 章第 3 段确定。它规定，BGE 根据《私营法》建立组织机构。BGE 采用有限公司的形式，联邦政府是唯一股东。2017 年 4 月 25 日，BfS 中负责放射性废物处置的雇员已转到新的公司 BGE。Asse 有限公司和废物处置设施建造和运行公司在几个月后跟进。

2009 年 7 月 1 日，德国联邦政府实行了新的公司治理原则，其核心要素遵循《公共公司管理法》。该法包含对德国政府参与的公司进行管理和监督的基本规定，还包括国内外公认的对公司进行良好与负责任管理的标准。该法旨在使公司的管理和监督更透明和易于理解，并更清楚界定作为股东的德国政府在公司管理和监督中的作用，以及提高对公司良好管理的认识。

BGE 公司总部设在佩内明德，在萨尔兹吉特、雷姆林根和莫斯林设立了 3 个分部，进行现场管理。

BGE 公司管理理事会有主席、副主席、业务主管与技术主管 4 人及管理办公室。下设 5 个部门：两个中央部门，一个负责协调跨部门任务和业务程序，另一个负责财务管理。最核心的部门是放射性废物管理安全部，下设 Konrad 项目部（项目管理；运行与规划）、Gorleben 项目部（项目管理；特定问题质询；运行与规划）、Asse 项目部（项目管理；回取；运行）、ERAM 项目部（项目管理；特定问题质询；运行与规划）、跨部门任务部（辐射防护、事故分析、厂区安保与保障；废物清单和产品控制；报告与文件；法律问题处理）和综合任务部 6 个部门。另外两个部门分别是场址选择部和新闻与公共关系部。

（2）德国废物处置设施建造和运行公司

DBE 是德国从事废物处置库建造与运行的服务公司，政府当局也持有该公司股份。在 BGE 成立之前，DBE 总承包德国放射性废物处置设施的建造和运行。

为了执行与放射性废物库建造和运营有关的工作，BfS 委托 DBE 辅助其开展行政管理工作。2013 年年底，DBE 有 807 名人员参与 Morsleben 和 Konrad 废物库以及 Gorleben 矿井的废物管理/处置工作。

为实施 Asse II 矿井的运行和封闭，德国成立联邦所有的 Asse 公司，作为 BfS 的辅助行政管理部门。在矿井工作的大多数人员被负责 Asse II 的 Helmholtz ZentrumMunchen 公司继续聘用至 Asse II 矿井封闭。2013 年年底，Asse 公司拥有 386 名员工。所有专业的人员数量都在增加，尤其是电气和机械运行方面的人员。

目前，Asse 公司和 DBE 已并入 BGE。

（3）联邦德国地球科学和自然资源研究院

BGR 位于德国汉诺威，是一所国际一流的研究院，拥有员工近 700 名，年度科研经费约 1 亿德国马克。BGR 下设 4 个研究所，自然资源研究所、工程地质和岩土技术研究所、地球物理和极地地质研究所以及矿物岩石地球化学研究所。其涉及的研究领域包括基础地质、矿产地质、地球物理、地球化学、水资源、水文地质、工程地质、岩土工程、地震地质、环境地质、废物处置等，几乎涵盖了地球科学的所有学科。

在高放废物地质处置领域，BGR 的工程地质和岩土技术研究所从 20 世纪 60 年代起就开始了选址、场址评价、岩石力学、地质、水文、地球物理等研究。从事的项目包括 Asse 盐矿地下实验研究、Konrad 铁矿场址评价、Gorleben 处置场址评价和研究等。

BGR 对岩盐的研究取得了世界一流的研究成果，尤其是岩盐的力学性质和蠕变性能。BGR 拥有先进的岩石力学研究设施，如科学技术软件系统（MTS）、高温高压蠕变实验装置、渗透装置等。

（4）卡尔斯鲁厄核研究中心

卡尔斯鲁厄核研究中心是德国政府成立的一个超大型核研究中心，下设核废物处置研究所、废物管理中心、高放废液玻璃固化中间试验工厂和工业厂房等。核废物处置研究所主要开展与放射性废物处置有关的核化学和地球化学方面的基础研究。

7.3 咨询机构

7.3.1 核废物管理委员会

2008 年，由于与核废物管理有关的问题越来越重要，德国成立了核废物管理委员会（ESK）。该委员会目前有 13 名成员，它履行其职责直到 RSK 燃料供应与废物管理委员会接手。在成立 ESK 的同时还成立了顾问机构，该机构在其工作期间考虑了核废物管理不断提高的重要性，于是将各类技术专家召集到一起。委员会在其工作中采纳了国际经验和方法，因此，除了来自德国的专家，还有来自法国和瑞典的专家也成为该委员会的成员。专家们针对所有核废物管理问题为 BMUB 出谋划策。这些问题包括整备、贮存和运输放射性物质与废物，还有核设施退役和拆卸，以及废物在地下深层的处置。

主管部门用于内部人员和专家顾问的资金由联邦议院在相应预算中确定。

7.3.2 GRS 公司

电厂和反应堆安全学会［Gesellschaft fur Anlagen-und Reaktorsicherheit（GRS）gGmbH］是联邦政府科技专家组织。GRS 主要是按照联邦合同从事核能安全和辐射防护方面的科研工作，包括放射性废物管理和处置，并在技术方面支持 BMUB。辐射和环境保护部门及其核燃料、辐射防护和处置室有大约 40 名专家从事放射性废物管理工作。

7.4 经费管理机构

"污染者付费"原则适用于乏燃料和放射性废物管理，但由联邦付费的 ERAM 和 Asse 矿井属于例外情况。联邦通过预付费方式为放射性废物处置库的规划和建造提供必要资金。对于选址，按照《选址法》将费用分摊给废物产生者，由废物产生者预付相应资金。废物处置库和联邦州放射性废物收集与贮存设施的使用按照放射性废物送交者应付的成本（收费和开支）或费用收取资金。

由于废物处置库关闭后的监管属于政府行为，所需资金由联邦政府提供。

1997 年，德国对专门用于处置高放废物和乏燃料的 Gorleben 项目的实施费用进行估算，总费用按 1997 年时价约为 46.5 亿欧元。2000 年，联邦政府作出放弃核能的决定，并对废物管理政策进行修改（如采用一个处置库处置所有类型的放射性废物），上述费用估算不再有效。BfS 正在为新的费用估算制定依据。

《原子能法》规定放射性废物产生部门对废物管理负有责任，包括提供废物处置的资金（由污染者承担）。根据《放射性废物长期贮存和处置设施建造预付款条例》（1982 年），废物产生部门必须承担开发处置库的费用。核能利用机构存留用于将来支付废物处置费用的资金。每个核能利用机构均通过审计来确保资金的预留。

关于资金提取。每年由联邦政府对处置场址作出预算和财政规划。在下一年里由废物产生部门交付用于处置场的财政预算资金。

关于经费收入和支出。到目前为止，各核电公司预留了 250 亿～300 亿欧元作为处置场的财政预算资金。Konrad 和 Gorleben 两个处置场的研究项目开支约 20 亿欧元，其中，95%由废物产生部门支付。

7.5　研究开发机构

7.5.1　组织体系

德国乏燃料和高放废物地质处置的研究开发工作由联邦经济和技术部负责。其两大下属机构——联邦德国地球科学和自然资源研究院及卡尔斯鲁厄核研究中心是项目管理机构，具体负责项目规划和管理等。参与研究开发的机构包括 DBE-Technology、BGR、BfS、GRS、慕尼黑核研究中心等。目前，在废物处置方面的研究开发涉及地质研究、地球化学、处置技术、安全及模拟等方面，包括 70 个项目，总经费约 4 000 万欧元。德国在放射性废物盐矿处置方面的研究处于世界最前列。德国从 1960 年起开始进行高放废物深地质处置研究，主要研发工作包括：选址和场址评价研究——根据德国的地质情况，选择以岩盐为主岩的研究；深部地质环境研究——以 Gorleben 和 Asse 盐矿为基地开展研究；工程屏障研究——主要针对废物罐的研究；处置库建造和作业技术研究；地下研究实验室在 Asse 盐矿中开展的研究；性能评价研究。1995 年就完成乏燃料直接处置的研究项目。通过多年研发，掌握了一整套在盐岩中处置废物的技术，已达到可实施的水平。

7.5.2　基础研究

在基础研究方面，德国已建成完整的室内大型研究设施，如 BGR 的大型岩石力学研究设施、废物处置设施建造和运行公司的处置作业设施和设备原型设施等，并曾在 Asse 盐矿实验研究中得到应用（1978 年结束）。由于德国国内的高放废物地质处置研究暂停，德国转而积极参与国外地下研究实验室的一系列实验和技术交流，如瑞士 Grimsel、Mont Terri，瑞典 Asp 和法国 Meuse/Harnt Marn 场址等的地下现场研究。

7.5.3　处置库选址

在处置库选址方面，联邦政府于 1999 年成立了处置库选址步骤委员会。2000 年 9 月，处置库选址步骤委员会提议按照以下 7 个步骤开展选址工作：①筛除可能存在不利地质条件的地区；②识别具有有利地质条件的地区；③筛除具有不利社会结构的区域；④选定具有预期有利地质条件的区域；⑤选定预期未来公众可以接受的区域；⑥对没有采矿活动的区域开展深入研究；⑦对候选场址进行评价。BMUB 提出，2007 年建立选址标准；2007—2010 年进行全国现有地质和经济资料的分析，提出备选场址；开展场址调查 5～6 年，确定 1～2 个候选场址；开挖竖井进行深部地质调查研究，2025 年提交最终场址评审。但是，该计划在政府部门间具有较大争论。联邦经济和技术部认为，Gorleben 岩盐场址的条件已经足够好，没有颠覆性意见，不必再重新筛选场址。

7.5.4　研究设施

（1）Gorleben 高放废物地质处置地下勘探设施

Gorleben 盐丘是位于下萨克森州的近北东走向的大盐丘，靠近著名的易北河。平面呈长条状、剖面呈丘状，底宽上窄。盐丘顶部距地约 220 m。盐丘之上有两层黏土岩隔水层。1979 年，德国开始对 Gorleben 盐丘开展系统的场址评价工作，旨在评价处置库建造的适宜性。BGR 负责场址评价工作，而 DBE 负责竖井建造和工程管理。Gorleben 的场址评价工作分两期。第一期为 1979—1986 年，调查面积为 300 km²，共挖了 145 个 250～400 m 深的调查孔、320 个 10～275 m 深的观察孔。第二期为德国统一后的 1997—1999 年，在易北河北部开展场址调查工作，共挖了 27 个 250～400 m 深的调查孔、80 个 10～275 m 深的观察孔。为开展场址评价，还挖了 4 个深度约为 2 000 m 的钻孔，用于穿过盐丘，了解其内部构造并为勘探竖井设计提供依据。1986—1994 年在 Gorleben 开挖完成两个深达 840 m 的竖井。1996 年起开展了综合的坑道场址调查工作，获得了大量场址数据。综合评价结果表明，Gorleben 场址是一个合适的场址，可以处置德国所有的放射性废物。目前，关于 Gorleben 场址的相关研发工作已暂停。

（2）Konrad 铁矿（拟建的中、低放废物处置库）

Konrad 铁矿是位于下萨克森州 Salzgitter 的废弃地下铁矿山。该铁矿于 1933 年被发现，铁矿石储量达 15 亿 t，品位为 20%～30%。1957—1960 年建造了 Konrad 1 号竖井。1960—1962 年建造了 Konrad 2 号竖井。该矿于 1969 年停止开采，共采出 670 万 t 铁矿石，在深达 1 300 m 的地下区域共留下近 40 km 的坑道。由于该矿产于盐丘的侧翼，且铁矿层之上有两层厚达几百米的黏土岩隔水层，深达 1 300 m 的矿井中均无地下水。因而，该废弃矿山被认为是处置中、低放废物的理想之地。1976—1982 年，针对该场址特性开展了详细研究。Konrad 铁矿建处置库的申请于 1990 年提交，2002 年 5 月下萨克森州环境部批准建造废物处置库，但仍有反对意见。2007 年 4 月，德国政府批准了该处置库的建造申请。目前 DBE 已经开展处置库的建造工作。预计该矿可以处置德国 2080 年前的 30 万 m^3 放射性废物，耗资将达 20 亿欧元。

第 8 章

其他国家放射性废物管理组织机构

8.1 比利时

8.1.1 组织机构和法规

8.1.1.1 组织机构体系

政策/立法机构

国会——颁布法律；

政府（经济部、内务部、司法部）——制定政策、授予执照。

制定法规机构

核控制联邦当局（FANC）——制定核安全和辐射防护法规。

执行机构

比利时的放射性废物管理执行机构是国家放射性废物和浓缩裂变材料管理当局（ONDRAF/NIRAS），该局负责比利时的所有放射性废物管理。

经费管理机构

经费管理机构为国家放射性废物和浓缩裂变材料管理当局。

比利时乏燃料或高放废物长期管理中涉及的政府组织、执行机构和核公用组织之间的关系如图 8-1 所示。

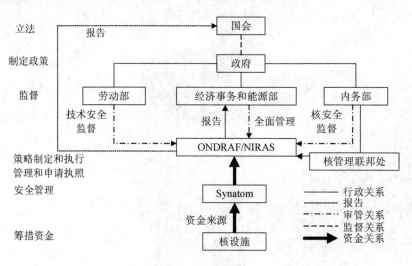

图 8-1 组织机构

8.1.1.2 执行机构

ONDRAF/NIRAS 是 1980 年 8 月 8 日建立的公共机构。ONDRAF/NIRAS 负责为比利时的所有放射性废物建立安全和连续的管理政策，它的责任也包括对一定数量和性质的放射性废物盘存量的准备和维护、放射性废物的去污和运输、处理和整备以及废物的暂时贮存和长期管理，其他的任务还包括对已关闭核设施的退役。

8.1.1.3 法律和法规

可应用于高放废物和乏燃料管理的主要法律法规如下：

1980 年 8 月 8 日的法律（ONDRAF/NIRAS 的制定实施）；

1981 年 3 月 31 日和 1991 年 10 月 16 日的皇家法令、1991 年 1 月 11 日、1997 年 12 月 12 日的法律（指定和修正 ONDRAF/NIRAS 的任务与职责）；

2001 年 7 月 20 日的皇家法令（建立联邦核管理处）和法规，用于保护公众和工作人员免受电离辐射。

8.1.2 废物流和建议的处置库

8.1.2.1 废物流的设想

比利时一共有 7 座商用轻水堆在运行，总装机容量约为 5.7 GWe，2002 年比利时政府决定：现有的核反应堆满 40 年的运行结束后，即将在 2015—2025 年全部关闭。

对由这些核电反应堆所产生废物的最终处置，正在考虑两个截然不同的方法：①所有的乏燃料必须后处理；②乏燃料不经后处理直接处置。这两种方法是根据将用和已用的燃料作出同样的假设：初始富集度是 4.0% ^{235}U 的铀氧化物燃料和 4.93% ^{239}Pu + ^{241}Pu 混合氧化物燃料，燃料（铀或混合氧化物）被辐照 1 450 天，参考铀燃耗是 45 GWd/t。根据这些假设，常规的铀燃料的总消耗量是 4 860 t 压水堆乏燃料，外加大约 70 t MOX 乏燃料。因此这两种方法的总存量如下：

完全后处理：后处理所有的 4 860 t 铀，这种方法会产生 3 920 罐的固化高放废物和 6 410 罐来自乏燃料的结构废物（包壳和端头）以及现有的约 70 t MOX 乏燃料元件。

直接处置法：在现有的合同下，后处理 630 t 铀后，就停止后处理。这种方法会产生 420 罐固化高放废物和 820 罐来自乏燃料的结构废物（包壳和端头），外加约 4 230 t 未后处理的乏燃料和现有的 70 t MOX 乏燃料元件。到目前为止，预期的 4 300 m^3 乏燃料中已经固化了 227 m^3。

根据废物产生量的估算，用于地质处置的废物体积会迅速减少，1989 年废物体积大约为 27 000 m³，目前完全后处理法仅仅产生 10 000 m³，直接处置法仅仅产生 12 500 m³。

8.1.2.2　建议的处置库

根据国际公约，ONDRAF/NIRAS 正在研究把高放废物/乏燃料最终处置在合适的地质结构中作为长期管理的主要解决方案。所有的考虑都是将硬化黏土作为地质介质，已经在 Mol-Dessel 核区域下面的 Boom 黏土中进行参考处置库的设计，然而 Mol-Dessel 核区域还没有被指定作为处置场所。下面概括了参考设计的特点：

对于高放废物（完全后处理法）：

容量：3 915 罐（其中在现有的合同下将产生 420 罐，在可能的新合同下将产生 3 495 罐）；

深度：Mol-Dessel 核区域下面的 Boom 黏土层，低于地面 240 m（设备将占用 0.224 km²以接收高放废物）；

工程屏障：主罐体是一个防水且抗腐蚀的包装体，以保证在废物释热期间不发生泄漏。处置管道是一个防水、抗腐蚀的有利于高放废物放置的管道。

对于乏燃料（直接处置法）：

容量：9 859 罐乏燃料和 420 罐高放废物；

深度：Mol-Dessel 核区域下面的 Boom 黏土层，低于地面 240 m（高放废物和乏燃料接收设施将占用 1.3 km²）；

工程屏障：主罐体是一个用于包装乏燃料、防水且抗腐蚀的包装体。处置管道是一个防水且抗腐蚀的且有利于放置高放废物和乏燃料的管道。

8.1.2.3　管理时间表

根据目前的比利时国家核相关政策，所有比利时管理的 HLW 和 SNF 将在 2025 年前后产生。因为还没有制定这种放射性废物的最终的长期管理政策，很难提供一个详细的废物管理时间表。不管怎样，HLW 和 SNF 将被贮存 50～60 年，以移除暂存期间它们产生的热量，另一个制定时间表的关键问题是选址过程。

8.1.3　地质处置库的选址

8.1.3.1　选址过程

自 20 世纪 80 年代初期起，为了对比利时的高放废物/中放废物进行安全评价，ONDRAF/NIRAS 就一直在进行研究活动以便为政府机构提供技术和科学信息（这些研究由 SCK-CEN 于 1974 年就开始实施了）。1984 年 ONDRAF/NIRAS 决定准备一个报告，系统地提供并分析 1974—1989 年比利时进行的所有有关深地质处置的研究结果，包括长期辐射安全评价，它与 1975 年由经济部长组织的核能评价委员会给出的建议是一致的，该建议主要是负责发展比利时的能源政策。该建议称："在明确最终安全的处置方法前，应该可以控制高放废物的贮存"，该委员会注意到："根据目前的知识，在进行这种处置路线前，对于与核能应用有关的问题进行 10 年的评价是重要的，特别是因为这种最终或至少充分安全的方法还没有真正实施于高放废物的处置以及对氚、惰性气体、碳-14 和碘-129 的控制"。安全和可行性报告即"SAFIR 报告"由 ONDRAF/NIRAS 在 1989 年 5 月提交给能源部部长。ONDRAF/NIRAS 希望当局能够向他们提供关于将 Mol-Dessel 核区域下面的 Boom 黏土层作为处置 B 类和 C 类放射性废物预选围岩可行性的初步意见，并希望当局批准继续进行研发项目。"SAFIR 评价委员会"（由比利时和外国专家组成）是在 1989 年由国家能源部部长建立的，目的是评价"SAFIR 报告"，该评价证实了"SAFIR 报告"的结论并得出了在非硬黏土（如在 Mol-Dessel 核区域下面的 Boom 黏土）中适合进行高放废物和中放废物处置，因为 Boom 黏土能够提供有效的和长期的保护容量、低的水力传导率、好的可塑性以及长期包容核素的性质，因此能够阻止核素向生物圈中迁移，"SAFIR 评价委员会"也强调了由 ONDRAF/NIRAS 和 SCK-CEN 合作进行的 1989—1994 年的研发项目是连贯的，并对 1974 年以来所做的工作提供了合理的延续。最后"SAFIR 评价委员会"还建议应扩展对围岩的长期安全和地质概况等方面的工作，并建议研究项目应包括如下研究活动：

（1）其他的围岩和位置，特别注意关于在 Doel 核区域下面的 Ypresian 黏土作为另外一种可供选择围岩的研究；

（2）乏燃料，ONDRAF/NIRAS 在 1990 年接到了继续进行 HLW/MLW/SNF 深处置工作的批准后又评价了它的研发项目，目的是将研发项目与 SAFIR 评价委员会的建议结合在一起，该项目的性质仍然是方法学研究。它的主要目的是确定在比利时领土内设计和建造的 HLW/MLW/SNF 深处置库在技术和经济上是否合适，但目前还没有指定特殊的场址设计和建造这样的处置库。根据方法学性质，进行 ONDRAF/NIRAS 的工作项目是为了描述下面两个场址的黏土结构，Boom 黏土和 Mol–Dessel 核区域：参考围岩和场址；Ypresian 黏土和 Doel 核区域：可供选择的围岩和场址。ONDRAF/NIRAS 项目集中进行 Mol-Dessel 核区域下面的 Boom 黏土研究，也优先研究辐照和释热废物的处置方法（如固化的 HLW

或 SNF）。

特别指出的是，ONDRAF/NIRAS 进行的有关方法学的开发研究活动主要是为了开发必要的方法和收集必要的知识，以便对在非硬黏土中进行高放废物/中放废物/乏燃料深处置的安全性和可行性进行深入评价。研究目的包括对处置的废物进行表征、表征和评价围岩及周围的环境、设计处置库、研究处置设施内的反应、开发一种评价该设施长期性能和辐射安全的方法、开发评价深地质处置费用的方法并准备进行大规模的实验以论证深地质处置的可行性。

2001 年 12 月出版的"SAFIR 2 报告"讨论了在方法学研究和开发项目的第二阶段（1990—2000 年）获得的结果。该报告有三个目的：

①向所有关心在非硬黏土中深处置高放废物/中放废物/乏燃料的权威机构和其他政党提供技术和科学信息，使他们能够评价处置技术可行性和长期安全的进展；

②促进与核安全机构的相互作用，目的是使研究成果和安全评价的原则相一致，并详细论述了适用于深处置库这种特殊情况的法规执行方式；

③提供了与所有关心放射性废物长期管理的各政党进行广泛对话的技术和科学基础，为了推动这项研究，比利时已经在 Mol 开展了方法学的地下实验室研究。

8.1.3.2　选址标准的制定

比利时还没有确定对放射性废物长期管理的政策，因此目前还没有形成选址标准。然而在 20 世纪 70 年代中期 SCK-CEN 开始与比利时的地质勘探机构进行 HLW 深处置研究。在 Mol-Dessel 核区域下面的 Boom 黏土中的研究是由核能评价委员会资助的，该委员会在 1976 年 3 月的最终报告中指出，对比利时来说，深黏土层好像提供了处置高放废物/乏燃料的最好方法，同年欧洲委员会根据著书目录，草拟了一份有关欧洲地质构造的详细目录，该目录对 HLW 的深处置有很大的益处。仅根据地质构造的岩石学（黏土、岩盐和花岗岩）标准、深度和厚度作出选择，在比利时仅仅选择黏土构造，这种黏土构造主要分为两部分：古生代岩石（页岩）（如 Brabant 和 Ardennes 的 Cambro-Silurian 山丘）；非坚硬且可塑性强的新生代岩石（如 Ypresian 黏土和 Boom 黏土）。关于硬岩，目前关于结构与性质之间的信息很少，另外关于 Mol-Dessel 核区域下面的 Boom 黏土岩的岩石学性能和该岩石的处置容量初步研究结果令人振奋，使得 SCK-CEN 和 ONDRAF/NIRAS 继续加强这方面的研究。SAFIR 评价委员会在 1990 年得出结论：研究 Mol-Dessel 核区域下面 Boom 黏土的决定证明是正确的，如果考虑其他的位置也是值得做的（如 Doel 核区域下面的 Ypresian 黏土）。

根据这些结论，ONDRAF/NIRAS 在 20 世纪初期强调要对 Doel 核区域的黏土进行进一步研究。当为高放废物/乏燃料处置设施建立选址标准时，比利时期望使用一种能将性能评价与处置系统的安全作为整体的全球公用标准，而不能使用与岩石圈的各种特征有关的特殊标准。

8.1.3.3　各阶段决策程序

由于比利时还没有确定对放射性废物长期管理的政策，因此在选址过程的每一个阶段，还没有形成决策程序。

8.1.3.4　地方政府的作用

由于比利时还没有确定对放射性废物长期管理的政策，因此还没有明确地方政府的作用。然而，人们认为应该建立一种方法，该方法是与应用于低放废物处置所做出决定的过程是相似的。该方法强调当地居民应该起到重要作用。

8.1.3.5　经费资助

由于比利时还没有确定对放射性废物长期管理的政策，因此在选址过程的每一个阶段，没有指定地方政府的作用和经费资助。

8.1.4　管理费用

8.1.4.1　总费用的估算及分类

ONDRAF/NIRAS 根据 8.1.2.2 部分中提到的参考设计，进行了详细的高放废物/乏燃料地质处置费用的估算。这种费用估算是根据处置库的设计和假设（开发一个公共处置库以使各种各样的放射性废物都适用于地质处置）进行开发的。特别对于所分析的情况，处置库应该分两个阶段建造和运行：中放废物和适度放热的高放废物应被首先处置，然后再处置高放废物和乏燃料。在 1997 年年底估算了处置费用，对于完全的后处理方法，费用从 2.9 亿欧元到 5.8 亿欧元，对于直接处置方法，费用从 5.9 亿欧元到 15 亿欧元（两者的费用均是在 2000 年的经济条件下估算的），这些估算没有包括研究开发费用，然而在 1974—2000 年用在研究开发上的费用约有 1.5 亿欧元。费用估算将根据不断变化的情况来评议。

8.1.4.2　费用估算机构

ONDRAF/NIRAS 负责废物管理的费用估算，包括高放废物/乏燃料管理的费用估算。

8.1.5　融资体系

8.1.5.1　融资体系概述

高放废物/乏燃料的管理活动将进行几十年，因此 ONDRAF/NIRAS 根据转移给 ONDRAF/NIRAS 的废物所需要的资金设计了一个价目表,废物产生者将付一笔特殊的资金，即在 ONDRAF/NIRAS 内部建立所谓的长期资金。在实施所选择的长期废物管理办法时，必须保证可以使用这些资金。根据容量预定（每个主要的废物产生者必须向 ONDRAF/NIRAS 通知总的计划废物产生项目，因此能使 ONDRAF/NIRAS 计算废物产生者的固定成本）、价目支付（每个主要的废物产生者必须依照长期管理费用的比例将资金划转给 ONDRAF/NIRAS）和契约担保（每个主要的废物产生者必须支付与废物的固定成本相平衡的长期资金，该资金不包括在价目支付中）三原则，用目标分配原则计算价格的高低。还有一个叫第二资金（破产资金），它是根据 1991 年的皇家法令委托给 ONDRAF/NIRAS 的额外任务，该资金支付 ONDRAF/NIRAS 管理的已经破产的少量废物产生者的废物管理费用，这部分资金的来源是 ONDRAF/NIRAS 向废物产生者提供服务而收取的一小部分。

8.1.5.2　废物管理费用

得不到废物管理费用金额的信息，这些费用在商业合同中有详细说明，是予以保密的。

8.1.5.3　资金提取

作为下一个研究开发项目（时间为 2004—2008 年），从长期资金里提取经费的机制是其中要研究的一项课题。向不同的废物产生者咨询有关资金提取的机制是十分必要的。

8.1.5.4　融资体系审计

ONDRAF/NIRAS 理事部已经建立了一个由 4 个理事组成的资金审计委员会，它的责任是审计该组织的资金政策，包括目前的和长期的废物管理活动。

8.1.5.5　经费收入和支出

在比利时，当放射性废物转移给 ONDRAF/NIRAS 时就应该支付废物处置费用。实际上比利时当前的核项目，期望大约在 2040 年，能支付高放废物/乏燃料的处置费用。因此目前还没有关于收入和支出的信息，关于这个信息的评价可能会在未来的研发项目活动框架中提到。

8.1.6　公众参与和透明度

过去比利时的社会成员没有机会参与到与高放废物或乏燃料/MLW 长期管理活动有关的组织和协会中去。虽然 ONDRAF/NIRAS 惯例是用 ISOTOPOLIS 信息中心作为与公众和地方团体沟通的渠道，但这仅仅是公众参与作出决定过程的第一步。然而在对公众开放的今天，考虑到许多人参观过地下研究实验室，因此很明显公众需要了解比利时放射性废物管理活动和计划的相关信息。为了更好地管理，必须允许社会成员通过真正的、对所有人都公开的对话方式参与到政府所做的决定中来。建立政府和社会之间的真正对话和相互倾听对于建立信任是必需的，这种信任对于为高放废物/乏燃料的处置做决定也是必要的。下面的三个基本阶段被认为是必须认真执行以保证所进行的对话有可能会形成建设性的结果：

对所参与对话的社团进行清楚的定义（如利益相关者）；建立对话的组织和条款；详细说明对话的目的。一个完整的公众参与项目包括几个阶段，对话的目的是保证能提供给所有利益相关者所需要的信息，保证进行对话以允许所有的社团处于同样的地位，发扬透明和公开的文化。

第一阶段（过渡期）：必须建立一个建设性的社会对话基础，同时继续目前正在开展的技术创新。

第二阶段（对话巩固研究）：利用相互接受的组织与各种各样的利益相关者进行对话，这一阶段将持续到方法学方面的研究完成时为止。在这个阶段结束时，对于在以后阶段将要进行初步研究的场址应该有一个初步的统一。

后续阶段（解决阶段）：方法学活动完成以后，这个阶段将对应于在某一个或多个场址中由所有参与的团体进行的某些特殊活动。

这个阶段所进行的活动将在前一阶段决定。

8.1.7　其他考虑

在进行未来研究开发项目的过程中，必须同步发展与高放废物/乏燃料长期管理有关的核责任、废物可回取性、制度控制和档案保存有关的政策和法规。

附：中英文缩写对照

缩写	英文全称	中文
FANC	Federal Agency for Nuclear Control	核控制联邦当局
ONDRAF/NIRAS	National Agency for Management of Radioactive Waste and Enriched Fissile Materials	国家放射性废物和浓缩裂变材料管理当局
SAFIR	Safety and Feasibility Report	安全和可行性报告

8.2 保加利亚

8.2.1 组织机构和法规

8.2.1.1 组织机构

政策/立法

国会——制定法律。

政府——制定政策；

——对是否建立国家放射性废物储存和/或处置设施作出决定；

——决定是否宣布乏燃料是放射性废物（要求处置）。

法规

核监管局：核管理办事处

——制定要求和标准；

——负责核安全法规。

执行

执行机构：放射性废物管理机构（WMO）

——负责放射性废物管理包括处置；

——负责废物处置设施的建筑、运行、维护、更新、关闭。

经费管理机构：能源和能源资源部

——负责资金管理；

——准备费用估算。

保加利亚涉及高放废物和/或乏燃料长期管理的政府、管理机构、产生废物的单位、执行机构间的相互作用见图 8-2。

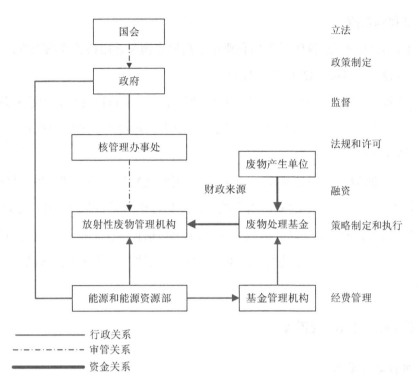

图 8-2 组织机构

8.2.1.2 执行机构

根据核能安全应用的新法规，2004 年 4 月 1 日保加利亚建立了放射性废物管理机构，作为州所属的单位，主要作用如下：

—— 放射性废物的管理，包括操作、预处理、处理、整备、贮存/处置和管理设施的关闭；

—— 放射性废物管理设施的建造、运行、维护和改造；

—— 放射性废物的运输，如果持有原子能安全应用法规所要求的运输许可证。

由放射性废物管理机构承担的科学技术效力将通过授权的方法来监测。根据原子能安全应用法规，像获得厂址选取、设计、建造、运行的许可一样，通过要求放射性废物管理机构获得每个放射性废物处理设施的运行许可证来执行授权过程。这些许可必须从核管理办事处得到对放射性废物管理机构行为进行必要的监控，以确保它们具备许可证和安全要求的条件。

8.2.1.3　法律和法规

下面的法律法规详细说明了保加利亚用于高放废物和乏燃料管理的要求：

—— 《核能安全应用法》（LSUNE）；

—— 《收集、贮存、处理和处置保加利亚领土内的放射性废物》的第七条法规；

—— 关于在"安全和贮存放射性废物"基金中决定投入资金量和征收、支出和控制资金来源的法规。

LSUNE 在 2002 年 6 月底实施，然而关于放射性废物管理的大部分规定将推迟几年施行。例如，WMO 于 2004 年建立，用于放射性废物管理的新的财政安排在 2003 年实施。LSUNE 要求创建新的二级立法（法规），用来调节放射性安全和放射性废物和乏燃料管理的特殊地区。所以，在接下来的 2～3 年里，预计放射性废物管理的基础机构中将发生明显的改变。

8.2.2　废物流和建议的处置库

8.2.2.1　废物流的设想

保加利亚有一个核电厂（Kozloduy NPP），共计 6 个 WWER 型核动力反应堆在运行，总容量大约 3.8 GWe。高放废物和乏燃料有 3 条产生途径：

—— 来自上面的 NPP 乏燃料；

—— 乏燃料后处理产生的高放废物；

—— IRT—2000 研究堆乏燃料后处理的乏燃料和高放废物。

因为保加利亚核动力厂的使用寿期和核燃料循环的方针并没有确定，所以不能确定预期的乏燃料和高放废物的总量。

8.2.2.2　建议的处置库

保加利亚对高放废物和乏燃料的处置库并没有提出方案。处置库的概念预计是高放废物/乏燃料管理新战略的主题，依据 LSUNE，它将由能源和能源资源部提出并被内阁通过。

8.2.2.3　管理时间表

目前乏燃料贮存在位于核电厂内的贮存设备和反应堆乏燃料贮存水池里。预计乏燃料将贮存 30～50 年。预计会在核电厂内建设一个新的乏燃料贮存库（干法贮存）。新的贮存库在 2006 年前投入使用，因为现存库内的容量不足以存放从 1 号机组和 2 号机组寿期终结时产生的乏燃料。

因为处置高放废物和乏燃料的决定还没有通过，也就没有建立关于处置的时间表。保加利亚认为在对高放废物和乏燃料管理的策略里应该包含相关时间表。

8.2.3 地质处置库的选址

8.2.3.1 选址过程

起草的放射性废物管理安全的规程详细说明了选址过程应该遵从 IAEA 安全系列 No.111-G.4.1、No.99 和 No.63，其中在选址过程中包括如下 4 个基本阶段：

①概念和计划阶段；②区域勘查阶段；③厂址性质鉴定阶段；④厂址确定阶段。

8.2.3.2 选址标准的制定

起草的放射性废物管理安全的规程详细说明了选址标准应该遵从 IAEA 安全系列 No.111-G.4.1、No.99 和 No.63。

8.2.3.3 每阶段决策程序

LSUNE 声明内阁将对一般放射性废物，尤其是高放废物/乏燃料处置的设备作出决定。

起草的放射性废物管理安全的规程规定了对于选址（包括上面提到的每个阶段）、设计、建筑、设备调试和运行的授权（证书和许可）。

8.2.3.4 地方政府的作用

依据环境保护的法律文件，地方政府将以提交环境影响评估报告鉴定的形式参与选址过程。地方政府代表也被邀请作为环境和水利部下的委员会的成员对环境影响评估报告进行评估。

LSUNE 要求能源和能源资源部在高放废物/乏燃料处理的草案策略提交给内阁批准之前，应组织许多包括地方当局在内的相关的政党进行一次讨论。

8.2.3.5 经费资助

在立法中这方面内容还没有建立。

8.2.4 管理费用

8.2.4.1 总费用估算及分类

保加利亚已经对乏燃料的贮存费用进行了估算，处置的费用估算尚未开展。1999—2010 年的乏燃料贮存费用估计为 2.34 亿美元。此外，直到 2008 年每年花费 6 800 万美元将 WWER-440 和 WWER-1000 乏燃料的元件运到俄罗斯。

8.2.4.2　费用估算机构

能源和能源资源部负责费用估算，并由政府批准。

8.2.5　融资体系

8.2.5.1　融资体系概述

依据以和平为目的的核能应用的法规要求，1999 年建立了"放射性废物管理安全和贮存基金"，用于放射性废物贮存和管理，包括处置的花费。要求核动力厂的运行者向基金支付一定量的资金，计算公式为：

$$M = \frac{3 \times A \times B}{100}$$

式中，M 表示资金值；A 表示电量调节变化率，不包括 VAT；B 表示 NPP 总发电量。

法规也要求其他产生放射性废物的机构（如研究所、医院）按照规则中所规定的进行付税。征收的资金贮存在保加利亚国际银行，同时根据基金管理机构认可的计划和项目进行分配利用。任何一年如果在年末有剩余的资金，将转入下一年。

资金资源通过基金管理机构管理，资金机构管理由委员会主席、能源和能源资源部长以及其他相关部门和组织的另外 9 个成员组成。

这个基金适用于在这个国家产生的所有放射性废物包括处置管理基金，但不适用于乏燃料的管理。LSUNE 规定内政部长有权决定乏燃料在某些条件下是否是放射性废物。宣布乏燃料为废物的前提条件之一是乏燃料的产生者已经向基金会提供资金，在这种情况下基金会将为乏燃料的管理提供资金。

除了废物管理基金，还建立了核设施退役基金，用于支付核设施的退役费用。相类似的机构建立了用于退役管理的基金。

放射性废物管理的财政问题被适当地提到 LSUNE 中，在管理机构、融资机制等上面已经进行了一些改变。法律要求能源和能源资源部为两种基金提出新的法规。LSUNE 关于放射性废物管理融资的规定在 2003 年 1 月执行。

8.2.5.2　废物管理费用

核电站运行部门需要将电力收入的 3%付给"放射性废物安全和贮存基金"。运行部门也要求将电力销售的 15%付给"核设施退役基金"（这个量是最近从 8%增长的）。

8.2.5.3　资金提取

资金是在由管理机构批准的经费基础上进行提取的。

8.2.5.4　融资体系审计

财政部定期审计基金的财政运行。由管理机构设定的独立审计机构也会对财政系统进行审计，并将结果报告给管理机构。

8.2.5.5　经费收入和支出

过去，经费主要来自 Kozloduy 核电厂，具体如下：

● 2002 年 4 月 13 日可利用的资金约为 3 930 万列弗（保加利亚货币单位）；

● 2001 年收入约为 3 180 万列弗；

● 2001 年支出约为 1 070 万列弗。

1999—2001 年，基金主要用于重建和改进近地表处置库和在 Kozloduy 厂址建造处理和贮存设施。

2002 年的收入和支出如下：

● 收入约为 3 150 万列弗；

● 支出约为 1 070 万列弗。

关于"核设施退役基金"，收入和支出如下：

● 2002 年 4 月 13 日可利用的资金约为 3 930 万列弗；

● 2001 年收入约为 10 050 万列弗；

● 2001 年支出约为 180 万列弗；

● 2002 年计划收入约为 13 720 万列弗；

● 2002 年计划支出约为 420 万列弗。

8.2.6　公众参与和透明度

依照环境保护法，在环境影响评估中，公众将参与选址过程。

原子能安全应用法规和放射性废物管理安全的条例草案正视公众参与的附加要求，比如，举办关于放射性废物和乏燃料管理的国际策略草案的听证会，以及关于放射性废物贮存决定的公众咨询。法规规定除了主要的报告，还应该向听众和非专业组织提供关于废物管理设施的安全分析报告。

8.2.7 其他考虑

8.2.7.1 核责任

应依据维也纳公约确定第三当事人的核责任。核设备运行者对核损伤的责任是绝对和有限的。

8.2.7.2 组织机构控制

放射性废物管理法规草案需要地质处置的组织机构控制，将由放射性废物管理机构建立草案的细节。

8.2.7.3 档案保存

LSUNE 要求处理放射性废物组织应该建立一个系统，用于控制并统计在他们领土内的放射性废物，并且应该保留档案。法规草案对于档案以及档案的保留制定了详细的要求。

附：中英文缩写对照

缩写	英文全称	中文
SNF	Spent Nuclear Fuel	乏燃料
WMO	Radioactive Waste Management Organization	放射性废物管理机构
LSUNE	Law on Safe Use of Nuclear Energy	核能安全应用法
NPP	Nuclear Power Plant	核电厂
HLW	High Level Waste	高放废物
EIA	Environmental Impact Assessment	环境影响评估

8.3 加拿大

8.3.1 组织机构和法规

8.3.1.1 组织机构

政策/立法

国会——制定法律；

政府——制定方针，例如，废物管理方法。

自然资源部

——监控废物处置机构的活动；

——批准每年要储存到基金中的存款额的计算公式。

法规

核控制联邦当局：加拿大核安全委员会（CNSC）

——制定放射性和环境安全的要求；

——负责批准建筑许可。

执行

执行机构：废物处置机构（WMO）

——递交对废物处理的选择方案；

——负责执行乏燃料处置；

——负责建立费用估算和每年存到基金中的计算公式。

经费管理

能源机构和加拿大原子能有限公司（AECL）——负责维护基金（目前）。

加拿大政府、自然资源部、AECL、管理机构、执行机构和乏燃料长期处置的能源公司间的相互关系见图8-3。预计的财政作用在8.3.5.1中有更详细的论述。

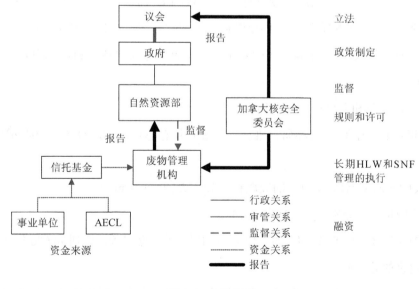

图 8-3　组织机构

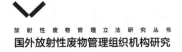

8.3.1.2 执行机构

核燃料废物法规规定核燃料废物的长期管理由废物管理机构执行，这个机构以一个合法的实体独立于国家的主要废物拥有者。在核燃料废物法规中，由自然资源联邦部长执行政府监督管理职能。

8.3.1.3 法律和法规

废物管理的核安全框架与应用到其他核活动上的要求一起，在核安全与控制（NSC）中提出。核燃料废物法涉及选址、财政、执行机构。核燃料废物法于 2005 年 11 月 15 日开始实施。

8.3.2 废物流和建议的处置库

8.3.2.1 废物流的设想

核燃料废物主要来自 CANDU 动力堆和核动力示范堆。

（1）CANDU 乏燃料

加拿大共有 22 个核动力堆，总容量 15 GWe，为 3 个省级事业单位所有。到 1998 年年底，有 14 个反应堆在运行，8 个处于长期关闭状态。根据经济和市场条件，所有者在 2000—2009 年重新启用之前关闭的反应堆。

1998 年年底，累积的核燃料废物总量达 1 347 141 桶或近似 5 389 m^3，在反应堆厂内它们一部分贮存在湿的贮存库，一部分贮存在干的贮存库。在公共事业运行计划（核动力反应堆在 2010—2035 年结束运行）的基础上，反应堆寿期内核燃料废物总量近似 360 万桶（14 170 m^3）。

（2）原型/示范和乏燃料研究反应堆

1998 年年底，原型/示范和研究堆核燃料废物积存总量达 48 558 桶（194 m^3），详细数目如下：

3 个关闭的原型/示范反应堆的废燃料：30 322 桶（121 m^3）

其他反应堆的废燃料：18 236 桶（73 m^3）

到 2035 年现有的 AECL 拥有的原型/示范和研究堆乏燃料预计达到 76 000 桶（300 m^3）。

8.3.2.2 建议的处置库

1995 年加拿大原子能公司向联邦政府提交了一个乏燃料深地质处置的概念，容量为 500 万～1 000 万桶。在加拿大屏蔽用的火成岩石中拱顶需要挖到 500～1 000 m 深。废物被装入包装容器中，包装容器被缓冲材料（如黏土填料）包围。

上述概念讨论了两个贮存库的容量，一种情况是，假设它能接收自 1993 年 3 月 31 日已卸载的乏燃料，以及运行 40 年后退役的动力堆的所有的核燃料废物，所建议的贮存库应该具有 500 万桶的容量；另一种情况是，假定它能容纳到 2035 年年底产生的所有核燃料废物，其中乏燃料能力在 1994 年之后每年以 3%增加，贮存库应有 1 000 万桶的容量。1993 年后没有建造新的核反应堆。

然而，联邦政府还没有对所提出的处置库做出决定，核燃料废物法规提供了近期导致如此决定的法律体制。

8.3.2.3　管理时间表

核燃料废物法规规定：一旦法规生效，WMO 必须在 3 年内提交长期管理核燃料废物（NFW）的方法。这个组织的报告应该包括每个所提建议的执行方案，包括时间安排。一旦联邦政府选择了一种方法，WMO 为了得到加拿大核安全委员会的许可，必须提出详细方案的信息。

8.3.3　地质处置库的选址

8.3.3.1　选址过程

依照 NFW 法规，WMO 需要为他们的执行者提出长期管理的方案和选址程序。联邦政府做出决定后，根据 NSC 法规 WMO 不得不在一个或更多特定厂址内为特定项目准备相关文件以获得许可证。此外，这样的许可申请涉及加拿大的环境评估法规。在特定项目上可能进行全面的公众评论。

加拿大有一个地下研究实验室，位于 Pinawa，Manitoba。这个地下研究室除了有助于对深地质处置安全进行论证，对来自以商业或研究活动产生核废物的长期管理设施的选址没有任何作用。

8.3.3.2　选址标准的制定

放射性和环境安全的标准大部分归入 NSC 法规和与之一致的规章及其他的管理文件。社会经济影响主要在 NFW 法规下处理。考虑到后代、健康、安全、环境和放射性安全的压力，建立了 NSC 法规下的基本标准。1987 年，在制定方针以声明 R-104 中标题为"放射性废物处置——长期规划的调整目标、要求、指导方针"中提出了标准。在 NFW 法规中准备建立用于定性评估有害社会经济影响的制度方针和缓解措施。

8.3.3.3　每阶段决策程序

WMO 要求服从联邦政府对 NFW 长期管理的方案。加拿大政府将做出决定并选出一种方法来对核燃料废物进行长期管理。

其后，WMO 为得到 NSC 法规下处置库的建筑许可将准备详细的支持文献。在加拿大核安全委员会签发许可证之前，这个课题需要在加拿大环境评估（CEA）法规下进行环境评价。

8.3.3.4　地方政府的作用

根据 NFW 法规和 NSC 法规对于公众咨询有强制性的要求。在 NFW 法规中对地方政府的咨询有明确要求，在 NSC 法规中，根据加拿大环境影响评估法规，需要引入公众咨询。

8.3.3.5　经费资助

CEA 法令为公众参与过程中，尤其是参与到讨论座谈会和仲裁过程中的经费资助做了规定。

对土著居民的联邦政府受托人的责任也规定了对方案全程和事后参与此过程的土著居民的经费资助。

8.3.4　管理费用

8.3.4.1　总费用估算及分类

因为对于乏燃料长期处理的方法还没有做出决定，所以没有正式的费用估算。然而，AECL 在 1995 年的环境影响报告中提出了对它所建议的深地质处置想法的费用估算（当时因为缺乏公众支持，环境影响评估委员会没有同意实施 AECL 所提议的想法）。

8.3.4.2　费用估算机构

NFW 法规规定 WMO 负责进行废物管理费用的估算。废物估算将包括在开始提出的由 WMO 管理的用于乏燃料长期管理的方法研究中。这个研究将被提交到自然资源部，随后政府将选择其中的一个方案。

在 1995 环境影响评价综述（EIS）提出的费用估算如表 8-1 所示：

表 8-1　EIS 提出的费用估算

活动	500 万桶		750 万桶		1 000 万桶	
	时间/a	费用/（Mio.Can. $1991）	时间/a	费用/（Mio.Can. $1991）	时间/a	费用/（Mio.Can. $1991）
R&D	—	665	—	665	—	665
暂存	—	n/a	—	n/a	—	n/a
选址	23	2 140	23	2 160	23	2 180
场地获取	—	n/a	—	n/a	—	n/a
设计	—	n/a	—	n/a	—	n/a
许可	—	n/a	—	n/a	—	n/a
建造	5	1 520	6	1 630	7	1 810
废物运输	—	869	—	1 095	—	1 333
处置运行	20	4 060	30	6 040	41	8 060
退役	13	940	15	1 090	16	1 250
关闭	2	30	2	30	2	30
关闭后组织机构控制	—	n/a	—	n/a	—	n/a
其他（如经费资助等）	—	n/a	—	n/a	—	n/a
总计	—	10 224	—	12 710	—	15 328

注：摘自出版于 1994 年 9 月的 AECL 的"加拿大核燃料废物处置方法的环境影响评估报告"。

① AECL and OPG 在 Whiteshell 的 AECL's 实验室建立了此方法。

② AECL 估计运输将花费处置设施费用的 3%～16%。根据这个方法，运输费估计为 10%。

8.3.5　融资体系

8.3.5.1　融资体系概述

NFW 法规要求原子能机构和 AECL 采用一个独立的财政机构维持隔离的信托基金用来覆盖乏燃料废物管理包括处置的花费。

在 NFW 法规实施 10 天内，现存的核能机构和 AECL 必须存入指定数量的初始资金。此后每年在法规生效的周年当天，现存的核能机构和 AECL 必须存入指定数量的资金，直到联邦政府对 SNF 的长期管理方法作出决策为止。

一旦联邦政府对处置方法作出决定，在两种情况下核能实体和 AECL 每年存入信托基金的存款将通过公式计算，公式由 WMO 建立并由自然资源部批准。一种情况是联邦政府对 SNF 的长期处置方法作出决定，另一种情况是在 CNSC 对实施此方法发布第一次许可后。

由 WMO 建立每年存款额的公式，NFW 法规要求在公式中应包括以下元素：

- 估计的核燃料废物管理的总费用；
- 估计的信托资金利润的比率；
- 每个核反应堆的预计寿期；
- 被 WMO 接收的来自核废物所有者而不是核能机构和 AECL 的估计量。

如图 8-4 所示是 NFW 法规中提到的融资方法。

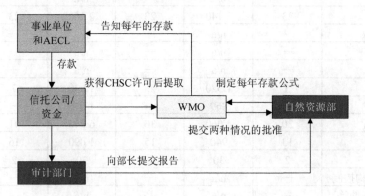

图 8-4　NFW 法规中建议的融资方法示意图

基金中的资金由信托公司依照它们各自的信托协议来管理。如果信托资金不足，核能实体和 AECL 每年的存款额将增加。如果 WMO 完成方法的执行后，信托资金有盈余，信托资金的受益人可以提取所有或部分余额。

8.3.5.2　废物管理费用

联邦政府对 SNF 首选的长期处置方法还未作出决定，一旦作出决定，决定每年存入信托资金存款数目的公式将以此方法的费用为基础。WMO 会在每年花费的基础上审查公式，然后对所要求的费用作出改变。

8.3.5.3　资金提取

WMO 是唯一能从信托资金提取经费的单位。必须满足两个条件：

- ➢ 在处理方法由加拿大政府选择后；
- ➢ 加拿大核安全委员会已经对由政府选择的方法颁发了建筑或运行许可。

如果 WMO 已提取来自信托资金中的钱，但目的不是执行已批准的方法，自然资源部有权冻结资金并且对今后的资金提取需预先核准。

WMO 董事会负责批准废物管理的预算和花费。所有在批准方法的建筑或运行许可证拿到之前的行为都不能得到资金。

8.3.5.4 融资体系审计

在每个财政年年末后 3 个月内，WMO 必须向自然资源部长提交已审计过的信托资金财政支付报告书，每个持有信托资金的财政机构必须向部长提交已审计过的信托资金财政支付报告书。审计过的支付报告书可公之于众。

部长有权审计 WMO、原子能机构、AECL 和每个持有信托资金的财政机构。部长可以委派任何有资格的人来进行审计。审计结果将被报告给部长并公之于众。审计频率取决于部长的判断力，这里关于审计程序如何进行还没有作出决定。

8.3.6 公众参与和透明度

NFW 法规和 NSC 法规对公众咨询有强制性的要求，在 NSC 法规里，加拿大环境评估法规中也提到了公众咨询。

在 NFW 法规中，WMO 必须成立一个咨询委员会，包括当地人和土著人代表。此外，在整个项目进行过程中和事后都要执行 NFW 法规规定，由 WMO 负责建立和提出公众参与计划。该计划到目前为止还没有制定。

最后，当提出明确场址后，依据 NSC 法和 CEA 法公众通过提出他们的看法来参与项目实施。

8.3.7 其他考虑

8.3.7.1 核责任

1976 年宣布的核责任法规（NLA），制定了由国家中的核事故引起的第三方伤害和破坏的责任，它体现了经营者绝对的、唯一的责任，有限责任，强制保险的原则。

核设施运行者的责任限额为 75 亿加元。运行者必须维持保险到一指定限额，这个限额由 CNSC 规定，计算能提供核事故所要求的赔偿金的近似数目。追加保险的数目（如果存在差额，在 CNSC 规定的基本保险与最大责任 750 万加元之间）由联邦政府通过再由保险协议提供。

虽然国内没有核燃料废物处理设施，但是如果 CNSC 确定在设施里的放射性物质能达到危险的程度，那么在核责任法规中他们将被涉及。此外，这些处置设施的经营者需要提供保险的基本量将由 CNSC 决定。

8.3.7.2　组织机构控制

NFW 法规和 NSC 法规中要求实施组织机构控制，省和联邦政府对组织机构控制也有影响，今后将详细介绍。

8.3.7.3　档案保存

档案保存的标准包含在依照 NSC 法规的规则中，在所提出的乏燃料处理法规下，包括以下重要几点：

每一个获得许可的人和每一个被指定的人应该保留法规所规定的档案。

废物处理机构应该在所从事的地方保留档案至少 5 年。

附：中英文缩写对照

缩写	英文全称	中文
NFW	Nuclear Fuel Waste	核燃料废物
CNSC	Canada Nuclear Safety Commission	加拿大核安全委员会
WMO	Waste Management Organisation	废物管理机构
AECL	Atomic Energy of Canada Ltd.	加拿大原子能有限公司
NSC	Nuclear Safety and Control	核安全与控制
CEA	Canada Environmental Assessment	加拿大环境评估

8.4　捷克

8.4.1　组织机构和法规

8.4.1.1　组织机构

政策/立法

国会——制定法律；

政府——批准放射性废物库管理局（RAWRA）的计划和预算、费用等。

法规

法规当局：国家核安全办公室

——监测和管理核安全与辐射防护。

捷克矿业办公室

——监督和管理地质与采矿活动。

执行

执行机构：放射性废物库管理局

——负责执行放射性废物处置；

——计算和建议费用量。

经费管理部门：财政部

——负责原子能账目的管理。

在高放废物和/或乏燃料长期管理中，捷克政府、管理机构、产生废物的单位、执行机构间的相互关系见图8-5。

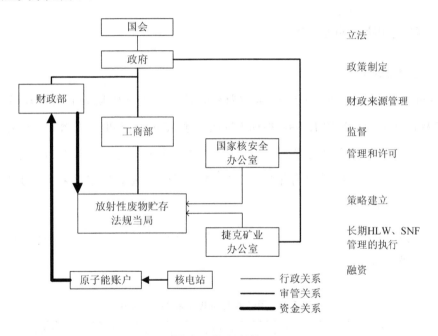

图8-5　组织机构

8.4.1.2　执行机构

放射性废物贮存法规当局在1997年建立，根据《原子能法令》（Act No.18/1997 Coll.），它是国有的执行机构。

放射性废物贮存法规当局的主要行为如下：

——　放射性废物处置库的准备、建造、试车、运行、关闭和监测；

——　放射性废物的处理；

——　对乏燃料或辐照核燃料进行整备，使之转变成适合处置或进一步利用的形式；

—— 计划用于核账目的费用；

—— 保留已接受的放射性废物档案。

工商部任命放射性废物贮存法规当局的主管和部长，确保放射性废物贮存管理机构与政府的联系。

8.4.1.3 法律和法规

《原子能法令》（No.18/1997 Coll. 作为法令 No.13/2001 的补充）、核安全国家办公室的其他法令以及用于其他核放射性的要求中规定了放射性废物处置的基本制度框架（如财政制度、执行部门和要求）。

8.4.2 废物流和建议的处置库

8.4.2.1 废物流的设想

在 Temelin 场址有 4 座 WWER-440 型核动力堆在运行（Dukovany NPP），总容量大约为 1.6 GWe，还有 2 座 WWER-1000 型动力堆在运行（Temelin NPP），总容量大约为 1.8 GWe。

依照原子能法规，认为乏燃料不属放射性废物。然而，乏燃料却根据放射性废物管理法规的要求来管理。乏燃料的拥有者或者国家核安全办公室将决定将来是否要重新利用乏燃料或者将它直接处置。

假定反应堆寿期为 40 年，在动力堆关闭和退役之间有几十年时间，预期的 LL-LILW 和 SNF 的量见表 8-2。

表 8-2 预计的 LL-LILW 和 SNF 的量

来源	运行产生的 LL-LILW/m^3	退役产生的 LL-LILW/m^3	SNF/t
Dukovany NPP（1985—2025 年）	50	—	1 937
Dukovany NPP（2085—2094 年）	—	2 000	—
Temelin NPP（2000—2042 年）	50	—	1 787
Temelin NPP（2090—2095 年）	—	624	—
总 NPPs	2 724		3 724
研究机构（1958—2000 年）	80	5	0.2
研究机构（2000—2050 年）	150	50	0.3
研究机构，总量	285		0.5

注：①表中数据不包括将来的新动力堆产生的废物或者由后处理中产生的高放废物。在练习临界装置（由核工程系操作的练习反应堆）中产生的乏燃料和零动力反应堆（NRI Rez）包括在公共机构一项中。

②LL-LILW 包括反应堆运行中产生的废物（例如，主要回路的金属部件，控制和操作棒），核反应堆退役中产生的废物（例如，长寿期的 ILW 金属和建筑材料），以及科研和生产中产生的超铀废物。

8.4.2.2　建议的处置库

在 RAWRA 命名为《深地质处置库的参考设计》（1999 年）的报告中，预期处置库的特征见表 8-3。

表 8-3　预期处置库特征

表面积	0.3 km²
地下面积（包括缓冲区）	2～2.5 km²
深度	500～1 000 m
基岩	花岗岩
挖掘体积	150 万 m³
工程屏障系统	不锈钢容器和用于密封的黏土、膨润土

RAWRA 建议在装满现有的用于贮存低放废物的处置库之后，在一个设施内处置所有的放射性废物，其中包括低放废物。

8.4.2.3　管理时间表

RAWRA 负责制定放射性废物处置的时间表。如表 8-4 所示时间表是从"放射性废物管理概念"引用的，该报告由 RAWR 向工商部提交，并在 2002 年 5 月由捷克政府批准。

表 8-4　放射性废物处置时间表

事件	时间
调查 8 个场址	到 2005 年
提出 2 个被选场址（包括地区计划）	到 2015 年
确定最后场址	到 2025 年
审批地下研究实验室地质特征	到 2030 年
领取建造许可证	到 2045 年
处置库试运行	到 2065 年

8.4.3　地质处置库的选址

8.4.3.1　选址过程

由 RAWRA 提出并被政府认可的选址过程如下：

——　场址筛选，捷克地质勘探局进行了研究，这项研究在 1992 年完成，在不同基质岩石中选择了 27 个有希望的地方。

——　场址选择，这项研究在 1998 年结束。其结果是选取了 6 个场址。

—— 场址调查，将进行各种探测，例如表面勘测和地面凿洞。放射性废物贮存管理机构希望推荐两个场址进行表征。

—— 场址表征（Site characterization），进行进一步的探测，例如凿洞，候选场址的数目将被缩减到 1 个。

—— 场址确认，将在地下研究实验室进行的研究是为了确认所选场址的可适性。

为方便和加速支持上面描述的厂址选择过程的研究活动，放射性废物贮存管理机构已经得到了同其他有地下研究实验室的国家进行国际合作的优先权。

8.4.3.2 选址标准的制定

地质处置库的选址标准由放射性废物贮存管理机构在已有的核、环境和地质法律基础上提出，例如《核设施和非常重要的电力辐照源的选址标准》（No.215/1997 Coll.）。这些提出的选址标准必须经过国家核安全办公室批准。

法规中的标准包括排除和条件标准，它被定义为属于下列问题的自然标准，例如火山喷发、地震、采矿等。

8.4.3.3 每阶段决策程序

向政府提交包括研究结论和选址提议的年度报告和计划，并由政府批准。是否继续进行进一步的研究取决于政府的批准。

只有获得核安全国家办公室的许可后才能进行核设施的建造，并且必须进行环境影响评价。必须获得各种许可，包括建筑地面设施时必须得到当地部门的许可，建筑地下设施时必须得到地方矿业办公室的许可。

8.4.3.4 地方政府的作用

除了国家核安全办公室的许可，建造以上提出的地面核设施还必须获得当地建筑办公室的许可。另外，对于地下设施建造，还必须得到捷克矿业办公室的许可，在捷克矿业办公室批准前必须得到一套完整的许可（包括国家核安全办公室的许可）。

作为厂址批准过程的一部分，必须进行环境影响评估程序。这个程序包括地方政府环境影响评估草案的回顾和汇总他们在最后环境影响评估中的意见，举行公众听证会。环境部发表最后声明指出为回应环境影响评估而采取的措施。

8.4.3.5 财政协助

目前，还没有向地方社会提供经费资助。然而，2002 年 1 月，国会批准了对原子能法规的修改，在 2002 年 6 月生效。这项修改将使来自核账目的经费资助提供给正在运行的放射性废物处置库的附近地区。决定经费资助标准的法规还在制定中。

8.4.4　管理费用

8.4.4.1　总费用估算及分类

最近的费用估计如表 8-5 所示。

表 8-5　费用估计

费用类别	费用/百万 CZK（1999）
研究、开发	5 240
公共关系，立法	200
设计支持和研究	620
总建筑费用	17 517
运行	23 065
关闭	300
总计	46 942

注：表中列出的费用不包括对当地社会的补偿和乏燃料运输和贮存的费用。乏燃料运输和贮存的费用包含在核电厂的运行费用中。

8.4.4.2　费用估算机构

捷克放射性废物处置的费用估算由 RAWRA 完成。

8.4.5　融资系统

8.4.5.1　融资系统概述

依照原子能法规，"核账户"在 1997 年建立，用于确保将来该资金能用于放射性废物处置的费用（如厂址测量和定性的费用、设计费、处置设施建造和运行费、R&D 费用）。然而，不包括乏燃料运输、贮存和核电站退役的费用。

RAWRA 负责开发一种计算费用的新方法，包括折扣方法的应用。由放射性废物贮存管理机构计算的费用必须被政府批准。从核电站运行者和少量废物产生者中征得的税收被打进核账户中。

财政部负责管理核账户，国家银行保存核账户中的经费，仅以有价证券形式投资，国有证券有相同的利润，至少同等于有价证券。若资金有盈余或赤字，政府法令将对其进行调整。

捷克放射性废物财政安排见图 8-6。

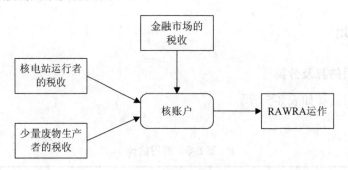

图 8-6　财政安排

8.4.5.2　废物管理费用

最近对核电站产生的所有电力征收以 50 CZK/（MW·h）的税作为废物管理活动的基金。这种收费每年计算一次并且必须每年付清。

8.4.5.3　资金提取

在 RAWRA 计划和政府批准的预算基础上，每年将资金从核账户拨到 RAWRA 账户。

8.4.5.4　融资系统审计

财政系统要接受政府的定期审计，最高审计部门有权审计来自核账户的经费，RAWRA 确保每年由权威认证的审计人员审计它的账户。

8.4.5.5　资金来源收入和支出

从账户建立开始到 2000 年通过以来，核账户的收入和支出列于表 8-6 中。

表 8-6　核账户收入和支出

	1997 年	1998 年	1999 年	2000 年
收入/10^6 CZK	157	696	725	722
支出/10^6 CZK	4	38	72	340
平衡/10^6 CZK	154	812	1 465	1 848

RAWRA 活动计划、预算和每年的报告要通过政府批准。

8.4.6　公众参与和透明度

2001 年，环境影响评价程序（按照 244/1992 号法规）的目的是基本的策略档案（捷克共和国放射性废物的概念设计和乏燃料管理）。2001 年 9 月在布拉格举行公众听证会。已确定具有适当地质处置场址附近的几个环境团体和社区代表们参与了这些听证会。

　　2000 年秋，RAWRA 与在选址过程中被选择和推荐作为地质研究活动主体的地区社团建立了联系。2001 年春，RAWRA 着手建立 4 个部门，部门成员包括来自该地区（包括正在进行选址研究的场址）的市长以及本地选出的委员会主席。在选址过程中这些部门要包括地方代表。

　　此外，正如环境影响评价法规要求的那样，关注场址选择的公众听证会将作为环境影响评价准备的一部分。

　　最后，RAWRA 采用下面的活动增强媒体、中央和地方当局、专业人员和场址地区居民的理解：

　　　　—— 研讨会；

　　　　—— 核设施的技术参观；

　　　　—— 电视档案短片。

　　在首都建立信息中心。

8.4.7　其他考虑

8.4.7.1　核责任

　　原子能法规指出关于核破坏民事责任的维也纳会议和涉及维也纳和巴黎会议的联合草案应该应用到涉及核设施和处置库联合事故的民事责任中。核设施运行者对由核事故造成的伤害负有绝对的和有限的责任。

8.4.7.2　组织机构控制

　　安全管理法规规定在处置库关闭后，将提出适用于处置库关闭后一定时期的制度控制。然而，长期制度控制的时间和范围还没有确定。

8.4.7.3　档案保存

　　依照原子能法规的要求，RAWRA 要无限期地保留废物档案。这些档案必须既要贮存在废物管理设施中，还要以书面形式和 CD-ROM 数字档案形式保存在领导办公室里。公众不能看到由 RAWRA 制定用于接收和贮存废物的档案管理系统。但是 RAWRA 向公众提供了关于废物产生者、废物的数量和形式的摘要信息。

　　然而，还没有建立地质处置的档案管理系统。

附：中英文缩写对照

缩写	英文全称	中文
RAWRA	Radioactive Waste Repository Authority	放射性废物贮存管理机构
URL	Underground Research Laboratory	地下研究实验室
EIA	Environmental Impact Assessment	环境影响评估
SNF	Spent Nuclear Fuel	乏燃料
NPP	Nuclear Power Plant	核电站
LL-LILW	Long Lived Low and Intermediate Level Waste	长寿期中低放废物

8.5　芬兰

8.5.1　组织机构和法规

8.5.1.1　组织机构

政策/立法

国会

——制定法律；

——批准政府对工程计划和厂址作出的决定。

政府

工商部

——制定政策；

——在执行机构申请的基础上，对项目计划和厂址作出原则上的决定；

——授予许可证；

——颁发基本的安全规则。

法规

法规当局

放射性和核安全的管理机构（STUK）

——提出管理指导方针；

——负责许可证申请的技术和安全评估；

——监测 Posiva Oy 行为的科技效力。

执行

执行机构

Posiva Oy——负责执行乏燃料处置。

经费管理部门

工商部

——负责政府基金的管理；

——负责确定已评估过的责任和基金对象。

在芬兰乏燃料长期处置中政府和不同机构的作用见图 8-7。

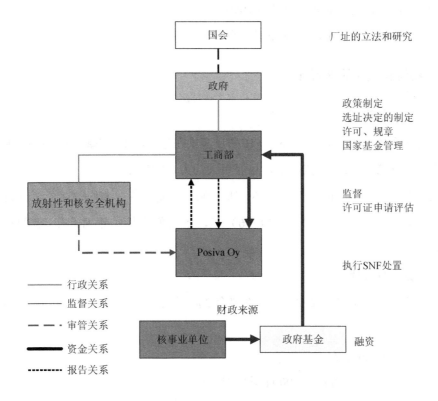

图 8-7　组织机构

8.5.1.2　执行机构

Posiva Oy 作为执行乏燃料处理的私营公司有两个核事业单位，Fortum Power 和 Heat Oy and TVO 建立于 1995 年，这两个核单位负责乏燃料贮存直到它被处置。

STUK 监督 Posiva Oy 活动的科技有效性，并将结果提交给工商部。

8.5.1.3 法律法规

芬兰放射性废物处置的基本框架包括：

——核能法令和法规（1988）；

——核责任法令和法规（1989）；

——国家核废物处置基金的法规（1988）；

——环境影响评估法规（1994）。

以下是由政府颁布的关于乏燃料处置的一般性安全规则：

——核电站安全的基本法规（1991）（包括乏燃料贮存）；

——乏燃料处置安全的基本法规（1999）。

除了上面的文件，STUK 还颁布了几个安全指导方针。

8.5.2 废物流和建议的处置库

8.5.2.1 废物流的设想

芬兰有两个核电站：有两个 WWER 型反应堆在运行的 Loviisa 核电站和有两个 BWR 型反应堆在运行的 Olkiluoto 核电站，总容量大约为 2.7 GWe。

芬兰正在从事开放式的核燃料循环。到 2000 年年底，芬兰大约贮存了 1 134 t 乏燃料。假设芬兰核动力反应堆的寿期在 40～60 年，到它们寿期结束时产生乏燃料的量将为 2 600～4 000 t。

8.5.2.2 建议的处置库

推荐的芬兰处置库的主要性质包含在议会 2001 年 5 月批准的 Posiva Oy 对"原则决定"的申请里。

推荐处置厂 Olkiluoto

容量　　　　　　2 600～4 000 t 乏燃料

深度　　　　　　400～700 m

表面积　　　　　0.5～1 km^2

工程屏障　　　　UO_2 基质，铜-铁合金金属罐，膨润土缓冲，回填土，密封

预计没有其他形式的放射性废物与乏燃料一起处理。

8.5.2.3 管理时间表

芬兰乏燃料处置系统建立的时间安排如下所示，2010 年后的重要决定依据政府的国家

方针（1983 年颁布）。

2001 年 5 月　　　议会批准"理论上的决定"（议会批准 Eurajoki 自治区的 Olkiluoto 地区作为乏燃料处置厂）；

2004 年　　　　　开始建造地下岩石特性工厂；

2010 年前　　　　开始建造处置库；

2020 年前　　　　开始运行处置库；

2050 年　　　　　处置库关闭（最早的）。

8.5.3　地质处置库的选址

8.5.3.1　选址过程

根据核能立法，芬兰乏燃料应在本国内永久处置。处置方案最初由政府在 1983 年建立，直到 1995 年处置方案才被原子能事业单位执行，随后被 Posiva Oy 执行。在过去厂址选择过程的里程碑如下：

1985 年完成了在地质和科学知识基础上进行的厂址筛选。选出了大约 100 个可能的区域用于厂址考察。

1987—1992 年在 5 个厂址实施了初步厂址考察。

1993—1999 年对 4 个厂址（3 个是原来的，1 个是增加的）进行了详细考察，1997—1999 年进行了环境影响评估。

1999—2001 年，选出了 Olkiluoto 厂，根据原则决定得到批准（Olkiluoto 厂 1999 年由 Posiva Oy 提议，申请"原则决定"。2000 年 1 月当地自治区批准了这项申请，2000 年 12 月政府也批准了这项申请，2001 年 5 月议会通过了政府的决定）。

政府对"原则决定"的正式批准和议会的批准是处置方案的第一步许可。这一步的完成确定了政府和议会对处置方案的政治接受。随后，在开始建厂之前需要获得建筑许可证。

8.5.3.2　选址标准的制定

对选址过程的不同阶段采用了不同的方法建立选址标准，执行机构建立标准用来在过程中进行筛选和初步考察，STUK 对结果进行评审。

在"原则决定"之前，由 STUK 提出乏燃料安全的基本法规，并在 1999 年由政府颁布实施。这项法规包括厂址适用性标准，在 STUK 指导方针中规定了法规的详细内容，专家组对这些法则进行了详细讨论。

8.5.3.3 每阶段决策程序

在选址过程中，有两个主要转折点（一个是在 1985 年，另一个是在 1992 年）。1985 年和 1992 年分别报告了适合场地的筛选和初步考察结果。STUK 审查了这些结果并向工商部提交了报告书，决定继续选址过程。

厂址选择的决定根据"原则决定"作出，政府在 STUK 积极推荐以及当地自治区同意的基础上批准了 Posiva Oy 作为所选厂址的提议。最后，国会批准了政府的决定。

8.5.3.4 地方政府的作用

根据原子能法规，对"原则决定"来说，地方政府同意是前提条件。

1987 年，当第一个厂址考察开始时，执行机构和候选自治区建立了合作组以相互交换信息。在过去的几年中，这些组已经广泛提出并讨论了关键问题例如环境影响评估。自从1987 年以后最初的合作组一直保持工作，1997 年建立了新的工作组。

8.5.3.5 经费资助

虽然对于任何援助没有法律责任，但通过自治区与 Prosiva Oy 之间的谈判所得出的安排，对厂址附近的地方自治区可提供经费资助。

8.5.4 管理费用

8.5.4.1 总费用估算及分类

假定芬兰核反应堆寿期为 40 年，它们运行将产生 2 600 t 乏燃料。乏燃料管理包括处置总费用的明细见表 8-7。

表 8-7 乏燃料管理明细

费用元素	以 2000 年水平估算的费用/10^6 EURO
乏燃料的临时贮存	173
运输费	28
建造费	222
运行费	521
R&D（包括选址和管理）	202
处置库封存和退役	48
管理费	44
房地产税	49
总计	1 287

法规当局的人员费用包括在指定的管理费中。

8.5.4.2　费用估算机构

废物产生者（如 NPP 的操作者）负责估算 SNF 处理的费用。他们把这个任务委派给他们合作的废物处理公司 Posiva Oy。在 STUK 和芬兰技术研究中心的协助下，工商部对费用估算进行审查和批准。

8.5.5　融资体系

8.5.5.1　融资体系概述

原子能法规 1988 年建立了国家核废物管理基金确保乏燃料处理（如贮存、运输、处置、工厂退役、R&D）的经费。资金建立外延到电业的财政处置系统。融资体系的总结构见图 8-8。

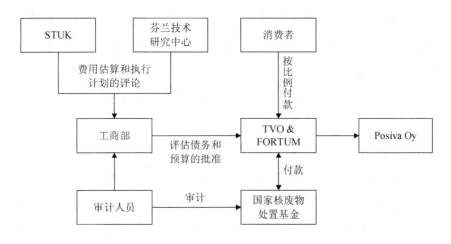

图 8-8　融资体系

未来废物处理的费用（如评估可行性）每年由核电力公司和 Posiva Oy 计算，并将计算结果提交给工商部。工商部确定评估的可行性和每个废物生产单位在基金中分担债务的数目。基金然后确认每个许可证持有者的费用。这个费用在来年 3 月底必须付给基金。

废物产生单位交付基金任务和基金里已有数目为差额，这些是作为放射性废物管理的捐款（费用见上）。若存在明显负债倾向，例如，向基金捐款的资金不能用于将来生产运行费用而产生负债，持有许可证的人必须提供证券以防破产而无力偿还。如果产生废物单位向基金交纳费用超过了基金目标值，超出的部分将返还给废物产生单位。

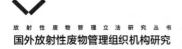

基金由工商部调度。废物产生单位能借到相对于所有有价债券 75% 的基金份额，政府有借剩余 25% 的优先权。如果废物产生单位和国家没有借来它们的份额，或遗留了一部分，那么余下的经费将以一种安全的方式被投资。

8.5.5.2 废物管理费用

每年给基金的钱不是根据每度电的费用计算的，然而，粗略计算放射性废物处置包括退役的费用大约为 0.014 芬兰马克/（kW·h）（0.002 3 EURO/kW·h），近似等于总能量产量费用的 10%。

8.5.5.3 资金提取

基金中的经费不由执行机构直接提取，当某一个废物处置行为完成后，评估相应的负债，多余资金退还给废物产生单位。

8.5.5.4 融资体系审计

工商部讨论和批准费用估算和处置方案。工商部要求 STUK 对安全方面进行评价，要求芬兰技术研究中心评估费用估算的合理性，工商部每年指定独立的会计师审计基金。

8.5.5.5 经费收入和支出

到 2001 年年底，已有废物将来的处置费用估计大约 12 亿 EURO。

8.5.6 公众参与和透明度

所选区域的初步厂址调查和评论地质调查结果中，地方当局和土地所有者起了重要作用。调查结果通告当地居民。由自治区和执行机构组成的合作群体，认为让尽可能多的自治区居民参与并讨论关于考察行动的问题是重要的。为鼓励市民的参与，他们通知公众有机会参与讨论。通过公众在 1997—1999 年对 4 个自治区进行的对环境影响评估（EIA）的评论，并和详细的厂址考察一起，促进了公众的参与。

按立法要求，在建立 EIA 和"理论决定"时，工商部组织了公众听证会，任何公众成员都可以以口头或书面形式表达他的观点。

最后下面的方法也被 Posiva Oy 采用：

—— EIA 时事通信发到每个候选市政当局，在 Posiva 地方办公室也能找到解释性的材料。

—— 组织公众集会和小群体会议。

—— 举办展览会，展示厂址调查结果和现在的 EIA 结果，包括给公众机会提出意见和表达他们的想法。

—— 会见市民，组织讨论。

STUK 也通过看望他们、组织研讨会、散发材料来和居民和市政当局代表建立长期的联系。最终，Olkiluoto 厂址所在地 Eurajoki 自治区委员会以大多数票赞成选址方案。

8.5.7　其他考虑

8.5.7.1　核责任

核责任法规定执行机构有主要责任，最大赔偿金可达 252 000 000 欧元。芬兰支持国际公约的计划将赔偿金增加到 7 000 000 000 欧元。只有当放射性废物在一种可接受的方式处置后，责任才能中止。然后，国家将承担责任。

8.5.7.2　可回取性和组织机构控制

基本安全规程声明乏燃料的处置是需要计划的，为保证厂址在无监测情况下的长期安全，为了将来技术的发展能应用到废物的处置，必须维护废物贮存罐的可回取性。原子能法令要求处置设施应该注明"禁止进入"，对后来的关闭阶段的组织机构管理的必要性还没得出结论。

8.5.7.3　档案保存

将来将讨论档案管理系统关于 LILW 处置库的现有系统，执行机构和管理者负责保留处置库和处置废物的档案，目前电子的和文本文件用作媒体报告。对档案保留没有时间限制，根据要求档案可以向公众开放。

附：中英文缩写对照

缩写	英文全称	中文
STUK	Radiation and Nuclear Safety Authority	放射性和核安全的管理机构
EIA	Environmental Impact Assessment	环境影响评估
NPP	Nuclear Power Plant	核电站
LILW	Low-Intermediate Level Waste	中低放废物

8.6　匈牙利

8.6.1　组织机构和法规

8.6.1.1　组织机构

政策/立法

国会

——制定法律；

——初步批准核项目；

——批准费用。

政府

——建立放射性废物管理政策和策略。

法规/监督

法规当局

匈牙利原子能机构（HAEA）/核安全局（NSD）

——负责乏燃料贮存及处置的管理和许可。

国家公众健康医疗部（代表健康、社会和家庭事业部）

——负责高放废物处置的管理和许可。

监察机构

监督 HAEA 部

——监督 HAEA 活动。

匈牙利地质勘查部

——负责提供匈牙利放射性废物管理公共有限公司（PURAM）的地质研究计划和最终报告。

咨询机构

科学咨询委员会

——负责对 PURAM 活动的科学性进行监察。

匈牙利原子能专门委员会

——负责解释和推荐废物管理和基金管理的政策和策略。

执行

执行机构

PURAM

——负责乏燃料贮存和处置的执行；

——负责高放废物处置的准备工作；

——负责废物管理支出预算的准备工作。

经费管理机构

——负责监督 HAEA 在基金管理方面的工作。

匈牙利乏燃料和高放废物长期管理中政府和各个机构之间的关系见图 8-9。

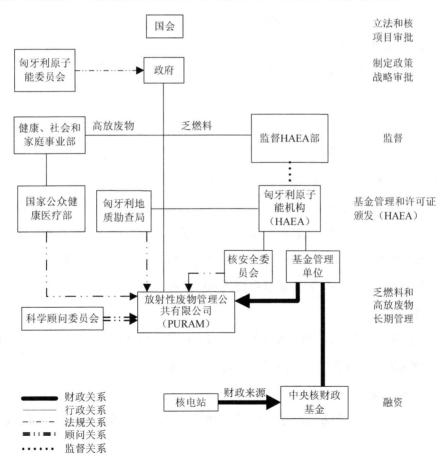

图 8-9 组织机构

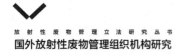

8.6.1.2 执行机构

1996 年原子能法指出放射性废物管理或者核设施退役将由政府指定的机构执行。PURAM 于 1998 年设立，属于国有。由于它具有上述作用，它是非营利组织。

PURAM 具有以下职能：

● 制定计划和编写报告

—— 制定和促进研究计划；

—— 计算废物管理费用，决定向基金交纳资金数目；

—— 起草技术和财政报告；

—— 开发退役计划。

● 研究，开发和执行

—— 中低放废物处置库的选址，建造和许可；

—— 延长乏燃料暂存设施的寿命；

—— 准备高放废物的处置；

—— 中低放废物处置库，乏燃料的暂存设施以及高放废物处置库的运行。

● 其他

—— 废物收集和运输；

—— 国际间交流和合作。

PURAM 成立了一个科学咨询部，用于检查他们工作的科学性。

HAEA 是核设施的权威管理机构。核能安全委员会是 HAEA 的一个执行部门，同时，HAEA 的另一部门负责处理中央核财政基金的管理事务。HAEA 许可暂存和直接处置乏燃料。然而，根据匈牙利法律，如果没有足够多的裂变材料，不能认为该设施是核设施。因此，来自后处理的高放废物处置需要公众健康和医疗办公室的管理和许可（代表健康、社会和家庭事业部）。

匈牙利地质测量局同意了 PURAM 的地质研究计划和最终报告。其他专门的权威机构许可负责环境保护、公众秩序、紧急预案及运输等方面活动。

8.6.1.3 法律和法规

1966 年颁布的原子能法提出了放射性废物管理的法律框架，以及对其他核活动的要求。

下面的法令用于设立执行机构和核财政制度：

- 政府第 240/1997（XII.18.）号法令（设立执行机构）；
- 工业、商业和旅游部第 67/1997（XII.18.）法规（设立融资体系）；
- 工业、商业和旅游部第 62/1997（XI.26.）法规（建立场址建设要求）。

8.6.2　废物流和建议的处置库

8.6.2.1　废物流设想

目前，匈牙利有 4 座总装机容量为 1.8 GWe 的 WWER 型核能反应堆投入运行。这些反应堆每年产生大约 400 桶（平均重 46.5 t）乏燃料。在将来，由于核反应堆不断加速核燃料消耗，将导致每年产生的乏燃料总量下降。

1989—1998 年，有 2 331 桶乏燃料通过海运送到俄罗斯。20 世纪 90 年代初以后，通过轮船运送到俄罗斯越来越困难，并且费用昂贵。因此，匈牙利已经建造了一个标准贮存设施，并于 1997 年投入使用。该设施可以贮存 11 100 桶（大约 1 320 t）乏燃料，足以贮存现有的乏燃料，以及 4 个核能反应堆从现在到它们 30 年寿期产生废物的总量。

8.6.2.2　建议的处置库

根据乏燃料产生量的估算，一个处置库应该处置大约 11 000 桶乏燃料以及其他长寿命废物。

虽然，对可能作为处置围岩之一的黏土石已经做了详细的研究，目前还没有对处置库的具体特征进行定义。

8.6.2.3　管理时间表

1999 年，政府否决了 PURAM 的一项关于继续研究来自非铀矿的黏土石介质的计划。放射性废物管理公众处正在制定一个新的详细策略和政策，该政策将被更广泛地讨论，并最终由政府批准。

期望在未来 5～7 年，该政策得以执行。如果地质处置被选为更可取的方案，那么，未来 20～25 年将要完成研究和选址工作。另外，10～15 年用来完成获得许可证和建造工作。

2000 年，放射性废物管理公众处准备中长期计划工作，这些工作由中央核能财政基金拨款资助。计划指出，乏燃料直接处置于深地质介质作为长期管理的备选方案。建立提议的处置库时间表如下：

2003—2007 年　　　　真实场址的选择，编写工作计划以及实施建立地下研究实验室所需的研究；

2007—2012 年　　　建造地下研究实验室；

2033—2046 年　　　建造地质处置库；

2047 年　　　　　　处置库运行。

8.6.3　地质处置库的选址

8.6.3.1　选址过程

1993 年以来，一直进行场址对于地质处置库的适用性研究。然而，政府否决 PURAM 的研究计划后，PURAM 决定制定出新的乏燃料和高放废物处置政策。该新政策将包括关闭核燃料循环和对乏燃料后处理产生高放废物进行处置的策略计划。该政策将公开讨论，在更广阔的范围内获得放射性废物管理专家和公众的认可。PURAM 期望在未来 5～7 年能完全制定和批准这个新政策。

8.6.3.2　选址标准

工业、商贸和观光事业部指出，对于废物处置设施建设的基本地质和采矿要求列于第 62/1997（XI.26）号法令，基本要求总结如下：

（a）地质结构适合性研究

● 地质环境调查的方法将根据地质研究计划而定。在地质研究中，强调了以下几个方面：

——根据要求的宽度和广度，逐步进行研究；

——详细说明每一个研究阶段；

——使用最好的技术和最经济的方法和技术；

——储存相关数据，并可以检索；

——考虑质量控制。

● 地质研究中确定安全评价需要的地质数据。

● 在最终报告中将对可能场址的地质适合性进行论证。

● 计划和建立工程屏障，使工程屏障与周围地质环境的相互作用不会危及地质屏障体系。

（b）将放射性废物处置设施场址的选择以及地质适合性研究分配到各个阶段，地质研究计划对不同阶段的内容进行详细说明。

（c）依据细化的地质要求决定地质研究计划的内容。

根据辐射标准，卫生部长设立的公众剂量限值列入 No.16/2000（Ⅵ.8）号法令，总结如下：

——接受非天然源外照射和内照射总剂量不应大于 1 mSv/a。

另外，公众福利部长设立的最终放射性废物处置辐射要求列入 No.7/1998 号法令的附件，总结如下：

——居住在核设施周围居民的有效剂量值不应超过 250 mSv/a。

然而，有建议将有效剂量值由 250 mSv/a 降至 100 mSv/a，并且采纳个人事件的危险限制为 10^{-5}/a。

目前，认为 1 000～10 000 年是进行安全评价的时间段。

8.6.3.3 每阶段决策程序

在新政策和策略计划通过后，PURAM 将编写研究计划和最终报告，它们将由匈牙利地质勘查部批准。基于原子能法，国会必须给予基本批准后，才能开始任何处置设施建立。

8.6.3.4 地方政府的作用

有关地方政府参与场址选择过程参见 8.6.6 节。

8.6.3.5 经费资助

原子能法要求核电站和放射性废物处置设施的许可证持有者增进公众对他们工作的理解。原子能法允许许可证持有者向受影响的市政当局提供经费资助，使他们可以参加各种处置活动。

8.6.4 管理费用

8.6.4.1 总费用及分类估算

总费用和它的分类估算见表 8-8。

表 8-8 总费用及分类估算

费用项目	费用/10 亿匈牙利福林（以 2000 年水平估算）
研究和开发	5.5
暂存	58.3
选址	20.5
征购土地	1

费用项目	费用/10亿匈牙利福林（以2000年水平估算）
设计	13.0
获得许可（管理）	2
建筑	127.8
废物运送	33.6
处置运行	71.1
关闭和行政管控	26.5
总计	359.3

8.6.4.2 费用估算机构

1997年政府颁布的法律中指定PURAM为负责费用估算的机构。匈牙利原子能权威机构和匈牙利能源办公室对该费用估算进行评估，并同PURAM进行协商。

8.6.5 融资体系

8.6.5.1 融资体系概述

根据原子能法和相关政府法律，融资体系以1998年1月建立的中央核财政基金为基础，用于支付放射性废物管理（其中包括乏燃料的贮存和处置）及核设施退役费用。

基金的建立表明了遵守放射性废物处置必须由享有产生废物活动带来利益的机构执行的原则。

依据PURAM使用3%的折扣计算方法，由国会批准国家预算的过程中决定了费用的多少。PUMRAM估算和确定费用程序的示意图见图8-10。

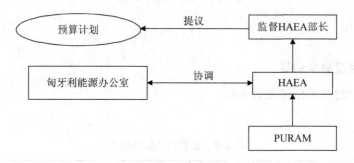

图8-10　决定费用程序

任何运行核电站获得核能的行为在核电站寿期内都需要向中央核财政基金交纳费用。根据核电站寿期和总成本计算出每年交纳的费用。另外，其他废物生产部门根据废物产生量和种类缴纳一定税款。这些税金对于基金从核电站运行部门征收的资金而言可以忽略不计。

为了确保基金的资产不受通货膨胀的影响，根据中央银行前几年的利率计算出以前基金平均资产，政府有权分拨出额外资金，并将它们以记入借方的方式在计划预算的过程中记入中央预算。随后，这笔款项由国家预算划拨到基金。基金的资产以统一的国库账号保持独立。

监督 HAEA 机构的部长负责基金分配，HAEA 负责基金管理。由匈牙利原子能委员会建立的中央核财政专门委员会对基金管理做评论和推荐。

8.6.5.2　废物管理费用

2001 年，核能使用者支付费用为 1.18 匈牙利福林/（kW·h）。详细的费用见表 8-9。

表 8-9　核能使用者支付费用

费用项目	费用/［匈牙利福林/（kW·h）］
中低放废物处置	0.13
中低放废物运送	0.004
乏燃料贮存设施的退役，建造和运行	0.25
核电站退役	0.33
高放废物运送	0.025
高放废物处置	0.38
PURAM	0.06
总计	1.18

每年国会通过国家预算时，对该费用进行核实。

8.6.5.3　资金提取

根据每年由国会审批通过的政府预算，由基金支付废物管理活动的开支。

8.6.5.4　融资体系审计

由国家会计办公室和国家认可的会计师对融资体系进行审计。

8.6.5.5　经费收入和支出

1998—2002 年每年的基金财政状况总结见表 8-10。

表 8-10　1998—2002 年的基金财政状况　　　　单位：10^6 匈牙利福林

	1998 年	1999 年	2000 年	2001 年	2002 年
核电站付费	7 428.7	9 164.9	9 311.3	14 877.1	17 199.3
其他付费	3.6	6.2	5.6	9.8	6.5
中央预算捐资	0	227.9	1 132.1	0	0
基金支出	3 941.1	3 630.9	2 094.1	6 084.0	11 368.8
基金累计金额	3 832.7	5 768.1	8 354.9	8 802.9	5 837

8.6.6　公众参与和透明度

在选址过程中，由于环境保护法强调，必须提交环境影响评价报告。作为环境影响评价的一部分，将为当地和相邻的市政当局以及其他相关团体举行听证会。

除了这些法律要求的程序，还有多种多样的方法将被用来促进公众参与选址过程。并期望匈牙利其他核设施也有相似的公众参与行为，总结如下：

首先，向市政当局发出通知，告知他们提议的项目。该通知同时说明，还没有对该项目做出决定，设施建造地点需要绝大多数当地居民同意。那些愿意和有兴趣表达意见的人们将被邀请参加信息研讨会，向他们提供相关信息并同他们协商。这些研讨会作为咨询程序的一部分传达公众的意见和建议。这些研讨会首先关注提议的项目说明以及选址过程，然后关注技术问题，例如，放射性材料管理、潜在的危险以及当地社区在整个过程中起到的作用。

其次，组织核设施的技术参观。在参观中，参观者有机会观看核设施，并同工作在核设施的工作人员进行接触。因此，不仅促进人们对核设施的理解而且也促进对工作人员的理解。

再次，组织文化和社会活动，发展当地社区和项目人员的相互沟通。这样的一些活动同核设施没有直接联系。

最后，一个"社会控制和联合"的组织由来自居住在可能的核设施周围村子的公众组成。该组织监督研究活动的情况，并将它们的情况告知当地公众。

8.6.7　其他考虑

8.6.7.1　核责任

《原子能法》规定核责任应该同最新修订的有关第三方责任的维也纳协定论述一致。

除了那些没有明确核材料数量的放射性废物管理设施和处置库，这些法规对其他放射性废物管理设施和处置库都有规定。该法指出核设施的运行者对于由于核事故造成的损坏，应付绝对的、相应的责任。

8.6.7.2　可回取性和组织机构控制

由公众福利部长颁布的第 7/1998 号法令的附件 12 详细说明了应用于放射性废物最终处置的长期辐射防护要求：

> ➢　关闭处置库后（废物安置中止），行政管理将至少保持 50 年；
> ➢　此后，由权威机构指定额外的管控时期。

8.6.7.3　档案保存

立法要求所有持有核能许可证的部门，包括那些对放射性废物贮存和处置的部门，必须按要求制定和保持他们的工作记录。该档案记录体制必须由许可证颁发的权威机构认可。

附：中英文缩写对照

英文缩写	英文全称	中文名称
HAEA	Hungarian Atomic Energy Authority	匈牙利原子能机构
NSD	Nuclear Safety Directorate	核安全局
PURAM	Public Agency for Radioactive Waste Management	放射性废物管理公共有限公司

8.7　日本

8.7.1　组织机构和法规

8.7.1.1　组织机构

政策/立法

国会

——制定法律。

政府

经济通产部

——确立基本政策；

——确立最终处理计划；

——费用计算。

法规/监督

法规当局

经济通产部（核工业安全处）

——确定要求；

——颁发许可证。

监督机构

原子能委员会

——审查基本政策和最终处理计划。

核安全委员会

——审查基本政策和最终处理计划中的技术问题；

——审查核安全规章。

能源咨询委员会

——对执行机构工作进行科学技术审查；

——建议透明的政策方针。

执行

执行机构

日本核废物管理机构（NUMO）

——负责执行高放废物最终地质处置；

——负责筹集资金。

经费管理

放射性废物资金管理中心（RWMC）

——负责资金管理。

日本政府和各个机构之间在高放废物长期管理中相互关系见图 8-11。

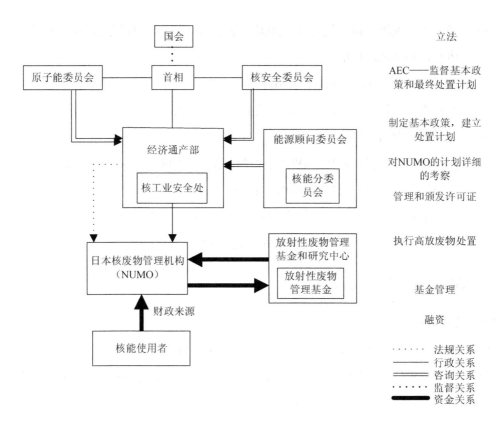

图 8-11　组织机构

8.7.1.2　执行机构

按照放射性废物处置法，2000 年建立高放废物最终处置执行机构——NUMO。经经济通产部同意，由私有部门出资建立 NUMO。

NUMO 负责执行以下工作：

—— 执行高放废物最终地质处置；

—— 筹集资金以支付 NUMO 的处置工作。

法案进一步规定，为保证此项工作的可靠性，经济通产部将评估执行组织是否有一个详尽的工作计划，包括人员培训、设备供应、技术支持及经费等方面。

由经济通产部和能源咨询委员会组建的高放废物处置技术咨询团共同调研选址过程的科学适合性。能源咨询委员会成立的意义在于向能源部长提出有关能源政策的建议。

8.7.1.3　法律和法规

日本放射性废物处理遵照以下法律和规定：

—— 特定放射性废物最终处置法（2000，法案 No177）（选址过程，执行机构，融资体系，基本选址标准）；

—— 执行机构法（2000，政府令 No152）；

—— 执行机构筹资与审计法（2000，政府令 No153）；

—— 最终处置费用支出法（2000，政府令 No398）；

—— 关于单位乏燃料在固化废物中转化热的通告（2000，政府令 No768）；

—— 资金管理组织规章通告（2000，政府令 No661）；

—— 有价证券和财政实体支持资金的通告（2001，政府令 No52）。

法案声明最终处置安全规章将在未来的法案中说明。

8.7.2　废物流和建议的处置库

8.7.2.1　废物流的设想

截至 2001 年年底，总装机容量为 45 GWe 的 51 座核电站正在日本运行。并有装机容量为 4.7 GWe 的 4 座反应堆在建，另有装机容量为 7.2 GWe 的 6 座反应堆拟建。同时，1 座 ATR 原型堆和 1 座快堆在建设中。

日本采用核燃料后处理政策，高放废液将从后处理中产生。在最终处置计划中对反应堆产生的乏燃料后处理后带来的高放废物玻璃固化体的数量进行了估算，具体如下：

2000 年年底	大约 14 400 罐（累计量）
2001—2004 年	1 100 罐/a
2005—2006 年	1 200 罐/a
2007—2008 年	1 300 罐/a
2009 年	1 400 罐/a

假设高放废物每年生产量按 2009 年水平计算，2010 年后高放废物总产生量预计如下：

2013 年大约 30 000 罐。

2020 年大约 40 000 罐。

8.7.2.2　建议的处置库

基本政策要求最终处置库应有足够容量以容纳 40 000 多罐的高放废物（同 2020 年产生乏燃料相对应）。法案要求处置库应位于地下至少 300 m。目前处置库场址围岩类型还未选定。

以下是考虑的工程屏障系统：

玻璃固化体：高放废物固化并置于不锈钢罐中。

外包装：玻璃固化废物将放置于外包装容器中。目前考虑的外包装材料有碳钢，覆钛碳钢和铜。

回填材料：由回填材料填充外包装容器与处置库外岩石本体之间的空隙，例如，膨润土。

除高放废物外，日本还未决定其他何种类型放射性废物进行处置库处理。但是，法案只要求处理来自乏燃料后处理的放射性废物而不针对核电废物。

8.7.2.3　管理时间表

每 5 年对最终处置计划做一次回顾并根据需要进行修订，最终处置计划中说明了将来乏燃料和高放废物处置活动的时间表。最终处置计划中陈述的最新时间表如下：

2000 年 6 月制定法案

2000 年 10 月设立执行组织（NUMO）

2000 年 11 月指定资金管理机构（RWMC）

（目前）

⇩

（文献调研）

⇩

其后几年预选场选择

⇩

（钻井计划等）

大约 2010 年选定具体研究场址

⇩

（地下探测设施测试）

⇩

大约 2020 年选择处置库拟建场址

⇩

（安全检查，处置库建筑）

⇩

大约 2030 年开始处置库建设

8.7.3 地质处置库的选址

8.7.3.1 选址过程

根据法律和相关条例，场址选择由3个阶段组成：

①选择初步研究场址，依据最初研究，通过勘查文献选择地域（如调查各种档案和文献）；

②选择详细研究场址，依据详细研究，通过最初硬件结构的评述选择地域（如使用地上凿洞、表面开采、物理调研以及挖沟的技术进行广泛深入的研究）；

③选择处置库建设场址，依据对详细调研结果（在一个或多个地下设施中进行详细的物理和化学研究，包括地下水流动情况）的评述，选择将被开发成地质处置库的地域。每一个选择的详细过程见图8-12。

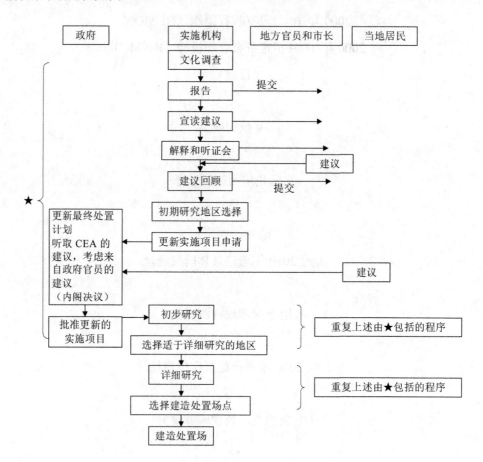

图 8-12 选址过程

NUMO 计划对当地社区做出开明的邀请，邀请自愿作为初选场址研究地域的社区。应用这些自愿申请作为处置地域（包括周边地区）的地质勘测文献，初选场址将从这些自愿的地域中选出。

日本核循环发展研究院正在开发两个地下研究实验室，一个在 Tono，另一个在 Horonobe，它们将只用于研究目的。为了支持场址的选择，执行机构将在详细研究阶段在地下设施中对候选场址的特征进行指导。

8.7.3.2　选址标准的制定

法案和相关文件规定，基本标准将适用于选址的 3 个阶段。法案中的标准主要是关于相关地质地层活动、故障性质、地下水影响、贵重矿物潜能等。更为详尽的标准将由经济通产部在法令中规定。

8.7.3.3　每阶段决策程序

政府部门将决定在每阶段场址选择完成后，选择是否进行下一步工作。按照法案规定，执行部门将更新执行计划，并在每阶段工作完成后向政府部门提交执行计划，政府部门收到更新的执行计划后，将修正最终处置计划，并送交内阁同意。内阁同意变更计划后，政府将授权同意升级执行计划。

8.7.3.4　地方政府的作用

法律和相关的管理条例包含下列与地方政府有关的要求：

—— 要求执行机构向关心报告评述和意见的当地官员和市长提交场址勘测每一阶段的报告。

—— 要求执行机构关注任何收到的意见并将修改后的文件提交当地官员和市长，其中包括公众意见和执行机构的回应建议。

—— 同意进行预选场址选择时，要求政府部门完全尊重地方官员和市长提出的意见。

8.7.3.5　经费资助

对地方的经费资助是必需的，但目前分配的步骤和数目还未决定。

8.7.4　管理费用

8.7.4.1　总费用估算及分类

日本地质处置总费用估算见表 8-11。

表 8-11　日本地质处置总费用估算

单位：10 亿日元（以 2001 年水平估算）

项目	沉积岩	花岗岩	平均
研究和发展	108.8	108.8	108.8
处置场选址	216.8	241.8	229.5
设计和建造	1 037.3	863.7	950.5
地表设施	32.9	25.7	29.3
地下设施	671.9	243.7	457.8
地表设备	202.7	265.8	234.2
地下设备	99.7	298.3	199.0
其他	30.1	30.2	30.2
处置场运行	666.2	764.3	715.2
退役和关闭	77.3	86.1	81.7
监测	122.6	122.6	122.6
项目管理	610.7	539.2	575.0
税	108.9	107.3	108.1
总计	2 948.6	2 833.8	2 891.2

费用估算的依据是假设处置库将能容纳 40 000 罐高放废物。

估算的费用包括执行机构支出，但并不包括处置活动以外的任何费用。高放废物贮存和由贮存设施运至处置库场址的运输费用将由其他机构支付（如核能使用部门）。同时，费用估算包括对执行机构的补贴，但不包括管理和监督机构。

8.7.4.2　费用估算机构

由法律指定的政府部门作为负责费用估算的机构。该政府部门同能源咨询委员会的核电分委会磋商以获得恰当的费用估算建议。

8.7.5　融资体系

8.7.5.1　融资体系概述

2000 年，该法案建立了放射性废物管理基金，该基金中存留了用于高放废物地质处置的财政资金。该基金由非营利的放射性废物管理基金会和研究中心共同管理，并且由核能使用者提供资金维持基金充足，以避免在长期运行中高放废物需要管理的同时由于可能的大量债务或由于核能使用者的破产带来的资金不足。

该法案还要求每年开支将从核能使用者处征收。该费用每年根据使用部门运行的核反应堆数进行计算。公式如下：

$$每年费用=A\times B$$

式中，A 是每高放废物罐最终处置费用；B 是高放废物罐的数量相当于每年运行反应堆数量产生的乏燃料量。

政府部门发布了一个规则，指出 A 按如下方法定值：

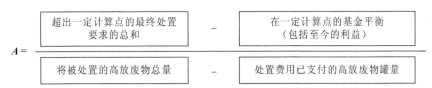

计算中考虑了资金的时效性（如采用折算方法）。在考虑了过去 5 年中政府 10 年内债券的平均利率，以及在过去 5 年中消费价格指数后，折扣率假定稳定在 2%。该折扣率每 5 年进行一次评价，如果必要对其进行修正。

要求核能使用部门以分期付款形式支付建立融资体系之前产生的乏燃料处置费用。一些核能使用部门把高放废物处置费用看成电价的一部分。然而，其他核能使用部门没有对高放废物处置费用加以区别。该费用由 NUMO 征收后，转至基金账户中。然后，根据法律要求，该费用按如下方式贮存或投资：

—— 按照政府部门的详细说明，投资到政府债券和其他有价证券；

—— 按照政府部门详细说明，将资金存入银行或其他金融机构，或者存入中央邮政办公室；

—— 投资到由可靠公司和可靠银行管理的可靠基金中。

由政法部门指定的有价证券如下：

—— 由其他法律建立的机构和地方政府发行的债券；

—— 特殊的公司债券和用日元发行的国家债券。

8.7.5.2　废物管理费用

根据每个核电站的热效率征收该核电站应支付的费用。2001 年，NPPs 产生电力平均花费 0.13 日元/（kW·h）。另外，每度电附加 0.07 日元用于支付基金建立前期的运行费用。政府部门决定每年费用。

8.7.5.3　资金提取

法律详细说明执行机构应该为每一个财政年预先对他们的预算、执行以及融资做出计划。政法部门在该财政年开始时对计划进行审批并通过。经政法部门同意，执行机构可以从基金中提款用于支付他们的支出。

8.7.5.4　融资体系审计

法律规定政法部门对融资体系审计负责。虽然，在法律中没有指定进行审计的第三方，但是咨询委员会已经推荐 1 名独立的会计师在每个财政年对融资体系进行审计。

8.7.5.5　经费收入和支出

经费收入和支出见表 8-12。

表 8-12　经费收入和支出

财政年	收入/10 亿日元	支出/10 亿日元
2000	103	0.85
2001	70	2.88

8.7.6　公众参与和透明度

法律和相关规章要求在处置库场址选择过程中采用如下步骤以确保公众参与和程序的透明度：

—— 执行机构必须对每个阶段场址选择做出报告并向公众公开，当报告完成后在涉及的省份要对该报告进行一个月的评论。

—— 要求执行机构在公众评论期间举办与相关省份公众的讨论会。在会议期间，执行机构要向公众传达和解释报告的结果。

—— 在公众检查和评论期结束后两周内，公众可以递交他们的意见。

—— 在场址选择过程中，执行机构必须认真考虑公众提出的意见，比如，选择最初研究的可能区域。

在基本政策上，政府负责通过将专家分派到学校，邀请教师和学生到相关实验室，以及散发相关信息和提供教育资料以实现加强能源、核能和废物管理的教育。

咨询委员会的核能分委员会对执行机构的工作进行评议，并且逐步提出建议以确保整个过程的透明度。

8.7.7　其他考虑

8.7.7.1　核责任

目前还没有建立地质处置核事故责任体系。

8.7.7.2　可回取性和组织机构控制

在经政法部门批准后，法律规定执行机构将关闭处置库。在将来，将详细说明关闭处置库标准。

核安全委员会指出，考虑到处置库建设和运行期间的数据收集，在通过安全分析证明封闭是适合的期间保持处置库的可回取性具有重要意义。

8.7.7.3　档案保存

法律指出政府部门必须永久保存高放废物处置活动的档案记录。在将来，会对如何实施该要求进行详细说明。

附：中英文缩写对照

英文缩写	英文全称	中文名称
NUMO	Nuclear Waste Management Organization of Japan	日本核废物管理机构
RWMC	Radioactive Waste Management Funding and Research Centre	放射性废物资金管理中心

8.8　韩国

8.8.1　组织机构和法规

8.8.1.1　组织机构

政策/立法

国会

——制定法律。

政府

政府/原子能委员会（AEC）

——建立放射性废物管理和处置政策。

法规/监督

法规当局

科学和技术部（MOST）/韩国核安全研究院（KINS）

——制定法规；

——批准许可证。

监督机构

原子能安全委员会（AESC）

——提供有关重要核安全事件的建议；

——提供对于执行相关活动组织的科学监督。

执行

——目前，执行相关活动的组织还没有建立起来。

8.8.1.2 执行机构

韩国目前还没有设立乏燃料处置的具体项目，因此，也没有建立负责执行乏燃料处置的机构。

8.8.1.3 法律和法规

由国会通过的原子能法（2001.1）列出了韩国放射性废物管理导则。由政府发布的原子能法执行条款（2001.7）提出了执行原子能法的具体要求。目前，还没有制定出用于乏燃料处置更详细的规章和标准。

8.8.2 废物流和建议的处置库

8.8.2.1 废物流的设想

目前，有 12 个压水堆型核能反应堆，总装机容量为 10.9 GWe，以及 4 个 CANDU 型动力反应堆，装机容量为 2.8 GWe，在韩国境内运行。另外，有 4 个压水堆型反应堆，装机容量为 4 GWe 在建。

依据第四个长期电力发展计划（2000 年由政府发布），韩国到 2015 年建造和运行 8 个新的核电站，使总装机容量达到 26 GWe。

2001 年年底，产生的乏燃料总量为 5 380 t。韩国在 2015 年有 26 个反应堆在运行，同时另外两座反应堆将退役。如果这些反应堆的寿期是 40 年，那么随着时间的推移，乏燃料将要卸载的总量见表 8-13。

表 8-13 乏燃料预期卸载总量

年份	累计乏燃料量/t
2010	11 000
2040	34 000

8.8.2.2　建议的处置库

于 1997 年开始实施，目的在于建立一个参考处置库，用于处置国内产生的乏燃料。该项目中使用的基本假设如下：

容量：36 000 t 乏燃料

2 000 t 乏燃料（大约 45 500 桶）来自压水堆

16 000 t 乏燃料来自 CANDU（大约 842 100 包）

深度：500 m

8.8.2.3　管理时间表

根据 1998 年第 249 届 AEC 会议上科学技术部建立的放射性废物管理政策，韩国预计 2016 年将建造用于暂存的设施。然而，还没有提出建造和运行处置库的时间表。

8.8.3　地质处置库的选址

8.8.3.1　选址过程

韩国乏燃料的处置工作正处于早期阶段。由韩国原子能研究院（KAERI）实施的一项在 1997—2006 年进行的长期研究计划，用于建立一个参考处置体系，并且评价深地质处置的可行性，考虑诸如地质条件和长期稳定性等方面的问题。在该研究中，预期可以得到以下基本信息：

- 根据最新建筑的观点，在半岛内勘查出对于处置库而言不稳定的区域；
- 各种地形区域内地下水体系中基本水力学和水化学特征；
- 深地质介质的基本机械和热化学特点。

处置库选址过程将根据上述研究结果考虑并制定。

完成上述研究之后，将考虑和计划开发一个地下研究实验室。包括韩国在内的许多国家都想建立一个场址实验室。但是，在建立一个场址地下研究实验室的开发计划之前，韩国正在考虑是否可以通过国际合作项目首先提高技术能力。

8.8.3.2　选址标准

今后将参考 IAEA 推荐的普遍标准和其他国家对选择处置库场址的已有经验，开发出有关选址的基本标准。该标准将涵盖相应的社会经济观点，以及与放射学和环境学相关的问题。这一有关处置库选址标准的技术基础，由 KAERI 在 2006 年完成他们长期高放废物处置研究后提出。根据 KAERI 的工作，KINS 将制定出技术标准，并且将该标准提交给

MOST 以便正式批准。

8.8.3.3 每阶段决策程序

今后，在考虑 MOST（负责乏燃料处置）和 AEC（负责商议和决定有关核能的重要事件）的角色的同时，将考虑并决定决策程序细节。

8.8.3.4 地方政府的作用

韩国公众期望地方政府一定参与到选址过程中。将来能考虑有关地方政府参与的实施细节。

8.8.3.5 经费资助

目前，还没有建立详细的经费资助计划。将来，会考虑相关细节，以及中低放废物处置项目。

8.8.4 管理费用

韩国正在基础研究和发展的初期，还没有建立费用分析，也没有设定负责费用估算的机构。

8.8.5 融资体系

目前，相关的融资体系还没有建立。该融资体系将被纳入乏燃料长期处置研究项目，其中包括考虑设立一个管理机构负责管理该体系。

8.8.6 公众参与和透明度

韩国政府认为公众参与和透明度对于成功实施原子能项目（包括乏燃料处置）是非常必要的。随着项目进行更细节部分的讨论，将给予这些主题更高的优先权。

一些用于推进公众对低放废物处置计划关注的活动已经实施，例如，公众听证会，对国外低放废物处置库的参观，场址竞选，以及通过著名教授参与协调当地社区等活动。将根据在韩国国内建造低放废物处置库的经验以及其他国家相似处置库的建造活动，制定有关公众参与乏燃料处置项目的政策和策略。

8.8.7 其他考虑

韩国目前正处于研究活动的早期阶段。在未来将讨论和完善废物可回取，档案保存体系，组织机构控制以及核责任等问题。

附：中英文缩写对照

英文缩写	英文全称	中文名称
AEC	Government/Atomic Energy Commission	原子能委员会
AESC	Atomic Energy Safety Commission	原子能安全委员会
MOST	Ministry of Science and Technology	科学和技术部
KINS	Korea Institute of Nuclear Safety	韩国核安全研究院
KAERI	Korea Atomic Energy ResearchInstitute	韩国原子能研究院

8.9　立陶宛

8.9.1　组织机构和法规

8.9.1.1　组织机构

政策/立法

国会

——制定法律。

政府

——批准放射性废物管理策略；

——管理费用；

——批准建立乏燃料和放射性废物管理设施的项目。

法规

法规当局

国家核能安全监察组（VATESI）

——开发建筑标准；

——负责核安全管理；

——颁发乏燃料和放射性废物管理设施许可证。

执行

执行机构

国家企业放射性废物管理处（RATA）

——实施乏燃料处置；

——准备放射性废物管理策略。

经费管理机构

财政部

——管理退役基金（包括乏燃料处置基金）。

立陶宛政府和各个机构之间在乏燃料长期管理过程中的相互关系见图 8-13。

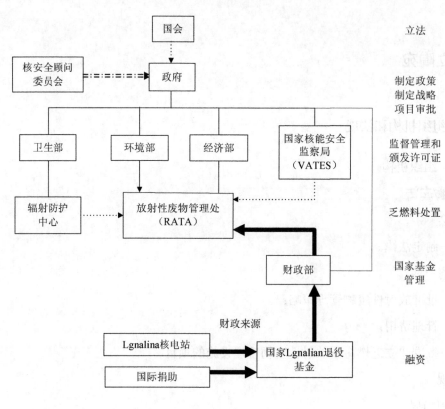

图 8-13 组织机构

8.9.1.2 执行机构

根据放射性废物管理法，2001 年建立了 RATA，作为国有乏燃料和放射性废物处置的执行机构。目前，监督机构还没有建立起来。到目前为止，Lgnalina 核电站运行者管理着运行过程中产生的废物和乏燃料。

8.9.1.3 法律

以下法律规定了在立陶宛乏燃料处置的要求：

——《放射性废物管理法》（1999）（对选址、设计等常规要求）

——国家企业 Lgnalina 核电站退役基金法（2001）（融资体系）

《核能法》（1996）中规定了对于放射性废物管理（如许可证体系）的基本制度框架，连同要求都适用于其他有关核的行为。

8.9.2 废物流和建议的处置库

8.9.2.1 废物流的设想

立陶宛有两个 RBMK-1500 型核能反应堆在 Lgnalina 核电站运行，每台机组装机容量 1.3 GWe。

假设 Lgnalina-1 从 1983 年开始运行，它将于 2005 年前关闭，同时，Lgnalina-2 从 1987 年开始运行，将运行到 2009 年，在立陶宛将产生的乏燃料总量预计在 2 500 t。

8.9.2.2 建议的处置概念

2002 年 2 月 6 日，由 RATA 提出并由政府通过了立陶宛《国家放射性废物管理策略》。这个文件指出，在立陶宛地质处置库处置是乏燃料长期管理的选择之一（以及长期贮存，海运乏燃料到其他国家，加入区域处置库项目）。国家策略中没有提供任何有关被提议的处置库的具体参数。

8.9.2.3 管理时间表

按照"国家放射性废物管理策略"的规定，有关乏燃料处置与地质处置库的可行性研究将一直持续到 2040 年。

8.9.3 地质处置库的选址

8.9.3.1 选址过程

2000 年，由立陶宛能源研究院和立陶宛地质研究院联合发起一个名为"为了确定适合放射性废物深地质处置库而对立陶宛国土进行评价"的立陶宛地质勘查活动。该研究的目的是确定立陶宛最适合处置乏燃料的地质介质（花岗岩、黏土等）。立陶宛同瑞典核燃料和废物管理公司（SKB）合作进行了一项项目，研究在立陶宛处置乏燃料的可行性。国家策略指出立陶宛将进行一项关于建造一个深地质处置库的长期科学调查。

8.9.3.2 选址标准

VATESI 负责开发安全标准，该标准将用于确定适合建造处置库的地质介质。在开发标准的过程中，VATESI 将同辐射防护中心、环境部以及其他技术支持机构共同协商。标准将着重 3 个主要议题：地质影响、放射性安全以及环境影响。

8.9.3.3 每阶段决策程序

将来会对每阶段地质处置库项目的决策程序进行考虑。

立陶宛希望地质处置库选址过程的重要决策以及参加团体，应该像现有法律中的普通政府项目一样详细说明。通常，环境影响评价必须在选址过程结束和核安全检查之前完成。在这两个过程中，应该收集来自相关政府机构和地方政府的意见，以及公众听证会中公众的意见。完成这些过程之后，能胜任的权威机构（环境部和地方环境局）将做出提议的处置库场址是否被接受的决定。

然而，由于立陶宛目前还没有做出发展地质处置库的决定，也就没有制定出有关开发地质处置库的全面的方法和程序。

8.9.3.4 地方政府的作用

如果按目前立法的具体程序，地方政府将参与到环境影响评价中，以确保他们能陈述意见和建议。

8.9.3.5 经费资助

在将来，将会考虑对地质处置库周围社区进行经费资助。这样的经费资助可能依据现在对 Lgnalina NPP 当地周边社区提供的经费资助执行，包括：

- 为当地发展捐献基金；
- 对电价实行折扣。

8.9.4 管理费用

8.9.4.1 总费用估算及分类

根据 2001 年 RATA 最初的估算，废物管理总费用估算如下：

● 暂存：1 亿欧元；

● 最终处置：1 500 万～200 000 万欧元。

没有费用明细。

8.9.4.2　费用估算机构

放射性废物管理法规定，RATA 为乏燃料和高放废物管理费用的估算机构。

8.9.5　融资体系

8.9.5.1　融资体系概述

1992 年建立的国家 Lgnalina 退役基金涵盖了废物管理费，这包括乏燃料和核设施退役费用。该基金的收入来自大规模售电征收的电费。

财政部管理该基金。资金以国内和国外货币和有价证券的形式存放在国家金库的一个专门账户中。

该基金由政府的国家控管部门负责审计。

8.9.5.2　废物管理费用

自 1998 年开始，从 Lgnalina 核电站运行者手中征收 6% 的电力批发价格［大约 4.9 Litas/（MW·h），2002 年价格计算］存入该基金。如果必要，政府可以调节电费。

8.9.5.3　资金提取

根据退役基金条例，国家 Lgnalina 退役基金委员会必须同意所有提款。

8.9.5.4　融资体系审计

由国家管理机构对融资体系进行审计。

8.9.5.5　经费收入和支出

2001 年年初，已经筹到 4 000 万 Litas，并加入到基金中。自从建立该基金，目前还没有支出。然而，在 2002 年已经将 500 万 Litas 预算到 Lgnalina 核电站的一个新建退役项目管理中。2002 年还预算了另外 200 万 Litas 到地方政府的重建项目中。

8.9.6　公众参与和透明度

公众将参与到环境影响评价（EIA）过程中（包括听证会）。公众将获得向环境影响评价草案提出建议和意见的机会，该活动将由环境部指定并由执行机构执行。

实施机构将考虑公众意见和建议后完成报告。在环境影响评价报告完成过程中，科学家和国外专家会作为顾问参与其中。

8.9.7 其他考虑

8.9.7.1 核责任

第三方的责任遵从维也纳关于核责任的协定。据此，核设施运行者对由核事故造成伤害所负的责任是绝对的而且是最高的。

8.9.7.2 可回取性和组织机构控制

放射性废物管理法要求地质处置库的关闭应该由政府决定。关闭后对地质处置库的监督由 RATA 执行。RATA 提出的关于地质处置库关闭后的监督方案，同环境部协商，并提交国家核能安全监察组审计通过。接到来自许可证颁发部门和政府共同发出的许可后，地质处置库关闭后的监督可以结束。

8.9.7.3 档案保存

执行者必须确保记录同许可证指定的放射性废物处置相关，以及同处置库场址，结构相关的技术文件相关，并保存至由法律规定处置库关闭为止。

附：中英文缩写对照

英文缩写	英文全称	中文名称
VATESI	State Nuclear Power Safety Inspectorate	国家核能安全监察组
RATA	Radioactive Waste Management Agency	国家企业放射性废物管理处
SKB	Swedish Nuclear Fuel and Waste Management Co.	瑞典核燃料和废物管理公司
EIA	Environmental Impact Assessment	环境影响评价

8.10 荷兰

8.10.1 组织机构和法规

8.10.1.1 组织机构

政策/立法

国会

——制定法律。

政府

——制定政策。

法规

法规当局

空间计划与环境部（主要负责）

社会事业就业部

经济事业部

——建立标准；

——共同颁发许可证。

执行

执行机构

放射性废物中央管理机构（COVRA）

——负责执行放射性废物管理，包括高放废物暂存。

经费管理机构

——核能使用者以及废物产生部门负责提供经费。

荷兰政府和各个机构之间在高放废物和乏燃料长期管理中相互关系见图 8-14。

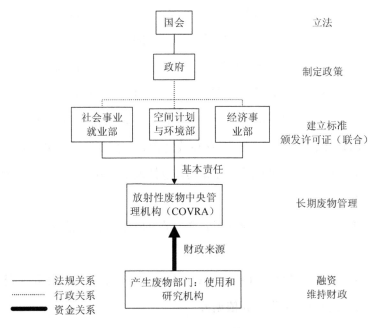

图 8-14　组织机构

8.10.1.2 执行机构

COVRA 于 1982 年成立，1987 年由政府颁布法令设定其为荷兰国内负责放射性废物管理的执行机构。该机构由私人企业创办，所有权为两个核能使用机构（Dodewaard 30%和 Borsele 30%）、能源研究基金会 30%以及政府 10%。

当政府宣布到 2004 年将逐步淘汰使用核能的计划，以及 2001 年电力市场化后，COVRA 的所有权出现问题。最后，决定将 COVRA 的所有权转到政府名下。到 2002 年中期，将完成 COVRA 所有权的所有移交手续。

目前，还没有乏燃料和高放废物处置的具体计划。因此，COVRA 的工作范围限制在放射性废物和乏燃料的处理、整备及贮存方面。

8.10.1.3 法律和法规

放射性废物管理作为核活动之一受到《核能法》（1963 年颁布，2002 年最新修订）的管控。除了法律设定执行机构"1987 年，COVRA 作为政府认定的废物管理组织"，法律中没有专门用于乏燃料和高放废物处置的法规。

8.10.2 废物流和建议的处置库

8.10.2.1 废物流的设想

荷兰有 1 个装机容量为 449 MWe 的 PWR 型核能反应堆（Borssele NPP）正在运行，另外 1 个装机容量为 56 MWe 的 BWR 型反应堆已关闭。

两个核能反应堆都签署了后处理乏燃料的协定，运行的 Borssele NPP 反应堆同 La Hague（法国）、关闭 Dodewaard 反应堆同 Sellafield（英国）分别签订了合同。根据这些合同，后处理产生的高放废物将被运回荷兰。由于荷兰在未来几十年内不可能有能力处置高放废物，因此在 COVRA 建立一个用于暂存高放废物的贮存设施（HABOG），目前 HABOG 正在建筑施工。第一批由船运回的后处理废物，包括玻璃固化的高放废物，计划将于 2004 年由法国运抵荷兰。

来自 Petten 和 Delft 的乏燃料计划也将暂存在 HABOG，目前还没有对这些材料的进一步使用计划。

对高放废物和乏燃料等贮存在 COVARA 的 HABOG 的总量估算并列于表 8-14（以 100 年内乏燃料和高放废物产生量为估算依据）：

表 8-14 贮存在 COVARA 的 HABOG 的高放废物和乏燃料的总量估算

废物分类	体积/m³
热废物	
——燃料元件和裂变产物	40
——高放废物玻璃固化体	70
非热废物	
——退役废物	2 000
——后处理废物	810
——其他高水平放射活度废物	120

8.10.2.2 建议的处置概念

1993 年，荷兰政府决定延缓有关放射性废物地质处置的决议，直至公众相信地下处置方法的安全可靠。在荷兰，执行废物长期贮存的计划，使国家有足够时间进行处置研究，以及考虑研究结论。因此，处置部分研究正在进行，但具体建立处置库的概念没有被正式提议。

8.10.2.3 管理时间表

1993 年，荷兰政府决定将所有放射性废物放置在 COVRA 的工程设施中进行长期贮存。贮存时间为 50～100 年。目前，没有处置的具体计划表。

8.10.3 地质处置库的选址

8.10.3.1 选址过程

由于还没有关于废物处置的具体计划，有关正式的选址过程还没有确定。

然而，在过去的 25 年中，已经在荷兰国内北部地区的一系列候选场址进行了研究，用于确定适合的碱性地质。这些研究表明，大约 20 个场址符合候选场址的安全标准。然而，由于当地居民和环境团体的强烈反对，没有进行进一步的场址特征研究工作。最新的国家研究于 2001 年 2 月完成，建议确定处置库场址的工作应当逐步进行，有关主岩和黏土的研究应予以考虑。

8.10.3.2 选址标准的制定

还未建立将来必须用到的选址标准。然而，过去由当地核能委员会完成的研究代表所有相关部门，得出以下有关放射性废物处置库场址选择的标准：

- 选址标准：

——可用的适宜的围岩地质

o 最少 400 m 深；

o 足够的地质层；

o 没有连接到生物圈的含水层；

o 没有用于采油、采矿及产盐。

——非地震带

——坚实的基础结构

——相邻区域人口稀少

——尽可能靠近其他核设施

- 重要标准：

——同地方政府合作

8.10.3.3 每阶段决策程序

目前还未建立一般场址的选择程序。政府决定和国会通过的第一步是制定一个处置计划。

8.10.3.4 地方政府的作用

《核能法》（管理所有核设施）没有包括地方政府和公众参与。由于采矿法将用于建设地下部分的处置库，经济事业部成为执行这项任务的唯一权威机构。另外，环境保护法也将用于场址的选择程序中。该法指出地方政府作为管理机构要参与到环境影响评价中。地区和省级政府也被考虑作为能制定有关被提议的处置库场址土地使用计划的法律和法规的机构。

8.10.3.5 经费资助

目前，还没有官方正式的计划向受处置库场址影响的当地社区提供财政补助。

8.10.4 管理费用

8.10.4.1 总费用及分类估算

经济事业部要求确定的独立机构对主要的工程项目有足够的财政计划经验，可以用于研究废物管理活动费用。表 8-15 列出了得出的结果：

表 8-15　废物管理总费用及分类估算

费用项目	估计花费/10^6 欧元（以 1999 年水平估算）
HABOG 建设	115
放置废物期间（10 年）的运行和维护	27
贮存期间（100 年）的运行和维护	227
总贮存花费	369
处置设计和建造	230～860
50 年可回取性	90
总处置费用	320～950

注：
①这些费用计算主要依据有处置库设计要求、主岩的类型，以及时间段内废物可回取状态和关闭后必要的行政管理。
②由于目前没有具体的处置计划，与地质处置相关活动的具体价值只能象征性地表示。
③还没对处置库所在区域的征地进行考虑。
④假设高放废物和乏燃料首先放置于处置库 10 年，10 年中处置库处于满员状态。
⑤已经对高放废物和乏燃料放置在 HABOG 中贮存费用进行更精确地计算。然而，还没有考虑贮存设施的退役费用。该费用不包括常规工作的消耗。
⑥由于处置库对所在区域的当地社区成为一种"负担"，但是没有法律义务对当地进行补偿。

8.10.4.2　费用估算机构

1973 年石油危机后，政府提倡能源供应多样化，促进了核能的使用。因此，最初由经济事业部对处置费用进行估算。然而，2001 年 7 月，制定有关放射性废物管理，包括费用估算政策的职权转交到空间计划和环境部。

8.10.5　融资体系

8.10.5.1　融资体系概述

高放废物和乏燃料产生部门被要求向废物管理（包括最终处置）提供必需的经费。废物产生部门主要来自 COVRA ｛Borssele NPP 的运行部门（EPZ）、Dodewaard NPP（GKN），能源研究基金会（ENC）、HFR 研究堆的运行部门（欧洲委员会）、IRI 研究堆［代大特（Delft）技术大学］｝的 3 个股东单位。他们同意融资体系的安排，并运行高放废物和乏燃料贮存设施（如：HABOG），并对将来废物处置提供财政储备。财政储备根据假设长期贮存 140 年打折的方法，按照利率 3.5% 进行计算。

征收、提供和分配财政储备的流程见图 8-15。

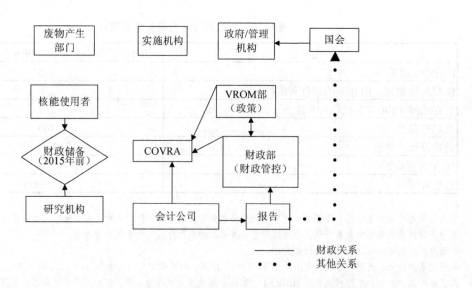

图 8-15　融资体系

在 COVRA 所有权转交到政府手中之前，财政储备的提供和管理都是由废物产生部门自己操作。可以肯定，到 2015 年，所有用于 HABOG 和将来处置废物的财政储备将移交到 COVRA 手中。该资金的移交程序将在政府和 COVRA 非政府股东之间达成的协议中具体体现。

现在，COVRA 的非政府股东已经在 2002 年 4 月 15 日辞去了股东的身份，并且改变了情况的发展。股票移交的同时，也将目前的债务和将来的债务全部还清。这项交易最后受益的是由 COVRA 管理的基金，该基金将作为放射性废物长期贮存和处置的资金储备。政府已经指派经济部代表政府批准 COVRA 每年的预算。经济部也对基金的使用进行监督。VORM 继续执行制定废物管理政策和策略的职能。

8.10.5.2　废物管理费用

核能使用者和其他废物产生部门对于建筑和运行高放废物贮存设施的筹措资金负有责任，并按要求付费。这里没有附加额外的电费。

由于预付了用于完成建造和运行 HABOG 总消费折扣后的资金，以及 COVRA 所有权移交到政府手中程序中可预见的风险，核能使用者已被免予对将来任何有关放射性废物管理需付的资金。

8.10.5.3　资金提取

2015 年后，股份移交给政府，空间计划和环境部以及经济部将联合负责审批废物管理项目和 COVRA 预算。COVRA 承担放射性废物长期贮存和处置的资金来源管理。

8.10.5.4 融资体系审计

私人会计师每年都对核能使用者的账务进行审计。经济部和 COVRA 负责建立用于股份移交给政府后的审计体系。

8.10.6 公众参与和透明度

将要用于处置库场址选择程序的环境保护法详细说明了公众参与到可能对环境引起显著影响的正式程序。目的是确保这些活动在最大的透明度中公开进行。这些程序的目的是确保每一位公民有权对提议的项目进行评议，并提出反对意见。该程序包括在当地和国家报纸刊登有关公众关心的提议活动告示。公众有权在准备 EIS 之前对环境影响评价综述进行评议，对环境影响评价提出意见，以及参与有关环境影响评价的听证会。政府在对提出的项目是否继续下去作出决定时，必须考虑公众的意见和建议。

8.10.7 其他考虑

8.10.7.1 核责任

荷兰通过国家立法执行巴黎和维也纳协定，以及有关第三方对核设施事故引起损坏的责任的共同协议。第三方责任用于负责放射性废物管理的执行机构。运行者的责任最大限额为 340×10^6 欧元。

COVRA 是唯一对放射性废物管理导致损害负责的机构，其他机构不对此负责。

8.10.7.2 可回取性和组织机构控制

目前，没有对地质处置作出的具体计划。因此，目前也就没有对处置库关闭后的行政管控作出计划安排。

另外，1994 年政府采纳了一份文件，该文件指出建造任何地下处置设施，必须按照每一步都可逆的思路进行。据此，2001 年，COVRA 委员会发表了关于放射性废物从地质处置库回取可行性的国家最新研究最终报告，结论如下：

—— 从碱性和黏土介质的处置库中回取放射性废物在技术上具有可行性。

—— 可以达到个人受照计量为 10 Sv/a 的安全标准。

—— 必须调整建筑的结构以确保回取操作的实施。

—— 可回取处置库的建造费用远大于那些不需要回取的处置库。

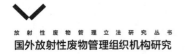
8.10.7.3　档案保存

档案管理体系由执行机构 COVRA 制定。由 COVRA 记录来自使用者产生废物的种类和数量。该档案记录在计算机系统中。备份磁盘和录像带保存在 COVRA 的一个安全地方。只要 COVRA 存在，就要求保存该档案。公众不可以接触该体系，但是公众可以看到 COVRA 的年度报告里有关目前贮存的整备后的废物条目记录。

附：中英文缩写对照

英文缩写	英文全称	中文名称
COVRA	Central Organization for Radioactive Waste	放射性废物中央管理机构
EIS	Environmental Impact Statements	环境影响评价综述
ENC	Energy Research Foundation	能源研究基金会
HABOG	HABOG	用于暂存高放废物的贮存设施

8.11　斯洛伐克

8.11.1　组织机构和法规

8.11.1.1　组织机构

政策/立法

国会

——颁布法律。

政府（国家经济部）

——制定废物管理的政策和策略；

——对处置库的场址选择做最后决定。

法规

法规当局（核管理机构）

——负责制定核安全规章。

执行

执行机构（斯洛伐克电力公司）

——进行所有放射性废物的管理和处置活动，包括深地质处置库的开发。

经费管理机构（经济部）

——管理退役、乏燃料和放射性废物管理资金。

乏燃料和/或高放废物长期管理中涉及的政府和不同组织之间的关系如图8-16所示。

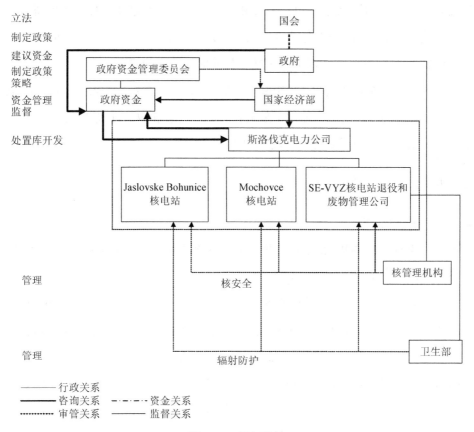

图8-16 组织机构

8.11.1.2 执行机构

　　根据国家退役资金法，只有核设施的拥有者/运行者才能使用国家资金，因为在斯洛伐克唯一的核设施（包括乏燃料和放射性废物管理设施）的拥有者/运行者是斯洛伐克电力公司（目前它是100%的国有股份公司），目前，斯洛伐克电力公司是唯一的放射性废物管理（包括处置）的实施机构。在斯洛伐克电力公司内部，包括3个附属公司[Jaslovske Bohunice核电站、Mochovce核电站和SE-VYZ（核电站和放射性废物管理公司）]，斯洛伐克核管会负责核安全监督（包括放射性废物管理的所有方面），卫生部负责辐射防护监督，国家资金委员会负责向国家经济部长提供关于支出的建议，监督功能目前由斯洛伐克核管会和卫生部执行。

8.11.1.3　法律和法规

下面的法律和法规详细说明了在斯洛伐克共和国内对乏燃料和高放废物管理的要求：

第 254/1994 号法令是关于核电厂退役和乏燃料与放射性废物管理的国家资金的法令，这个法令又被后来的第 78/2000 号法令和第 560/2001（财政系统）号法令所修改。

第 190/2000 号规章详细规定了对乏燃料与放射性废物的管理。

在关于原子能安全使用的第 130/1998 号法令（原子能法）中，详细说明了放射性废物与乏燃料安全管理的基本要求，适用于放射性废物产生者和放射性废物/乏燃料管理设施运行者的基本要求以及适用于其他核活动的要求。

8.11.2　废物流和建议的处置库

8.11.2.1　废物流的设想

在斯洛伐克有 8 个 WWER 型反应堆，其中 6 个正在运行，总装机容量为 2.64 GWe，另外 2 个暂停建造。有 1 个 HWGCR（8.1 Bohunice 核电站）已经在 1979 年关闭，目前正在退役，8.1 Bohunice 核电站产生的所有 SNF 已经被运到了俄罗斯，然而 8.1 Bohunice 核电站的退役研究表明大约 1 500 m^3 的退役废物（大约 500 罐或标准包装）不能满足近地表处置的要求。政府已经决定在 2006 年和 2008 年关闭 Bohunice-1 和 Bohunice-2（也叫核电站 V-1），Bohunice-3 和 Bohunice-4（也叫核电站 V-2）计划在 2015 年和 2016 年关闭，它们的寿期是 35 年。Bohunice 核电站在它们的寿期内将产生 4 028～4 768 罐 SNF，这取决于燃料的丰度，另外 1 860 m^3 不能满足近地表处置标准的废物也将是由这些反应堆退役产生的。在 Mochovce 的两个反应堆（分别自 1999 年和 2000 年一直在运行）预计在寿期内会产生 2 959 罐 SNF，另外 760 m^3 不能满足近地表处置标准的废物也将是由这些反应堆退役产生的。这些核电站的运行预计会产生总数约 2 500 t 的乏燃料。

8.11.2.2　建议的处置库

斯洛伐克政府还没有建立一个关于 HLW 和 SNF 最终管理政策，然而政府决定继续进行 HLW 和 SNF 处置库研究，对处置库的需求在由政府批准的"地质研究和调查的国家计划"（由环境部地质委员会起草）和"国家能源政策"（由国家经济部准备）中被简要提出。捷克斯洛伐克共和国分裂为捷克和斯洛伐克以后，捷克斯洛伐克的深地质处置库开发项目一直以一种修改的形式作为一个斯洛伐克项目在继续进行。这个项目由国家资金提供经费，目的是通过斯洛伐克电力公司进行核电站退役与 HLW 和 SNF 管理，因为斯洛伐克电力公司是斯洛伐克唯一的核设施拥有者和资金的使用者。斯洛伐克电力公司已经与DECOM 斯洛伐克公司签署了一个协议。根据该协议 DECOM 斯洛伐克公司调整处置库的开发计划。在深地质处置库开发项目框架内有超过 50 个文件，在这些文件中所讨论的处置库的性能列于下面，这样的处置库将有足够的能力处置 8.11.2.1 部分中提到的所有放射性废物。

容量：大约 2 500 t 乏燃料；

围岩：结晶岩（比如花岗岩）或沉积岩（如黏土）；

深度：对于结晶岩超过 500 m，对于沉积岩 200～300 m；

工程屏障：包装体、密封材料等。

斯洛伐克也计划处置所有小体积的研究单位的废物，主要是废弃的密封源，它们也不能与 HLW 和 SNF 一起进行近地表处置（如医院的镭源和工业应用中的大源）。

8.11.2.3　管理时间表

目前斯洛伐克政府还没有确定 SNF 的长期管理方法，正在被考虑的方法如下：处置HLW 和 SNF；将 SNF 运到国外（俄罗斯）进行后处理，运回的 HLW 进行处置；将 SNF运到国外（俄罗斯）进行后处理，HLW 不被运回。为了规划国家资金（参见 8.11.5.1 部分），在最近的可行性研究中描述了废物处置（国家深处置库方法）的时间表，如下：

政府最终决定关于核燃料循环和高放废物管理终端的政策	2006—2010 年
建造许可证	2030 年
处置库建造	2030—2050 年
运行许可证	2037 年
运行	2037—2095 年
处置库关闭	2095—2102 年

8.11.3　地质处置库的选址

8.11.3.1　选址过程

自 1997 年在"斯洛伐克深地质处置项目"下进行选址活动以来，由斯洛伐克共和国地质调查委员会所开展的这个项目的主要内容是利用档案数据和地图进行基本的选址过程，这次共选出 6 个场址（每个场址有 10 km²）作为预选区，然后进行现场的地球物理调

查（如打孔）以确定适当的区域进行进一步的研究，这些研究将持续到下一个 5 年以减少预选区的数量，至今还没有公众参与到选址过程中来。根据 EIA 法令要求，对于如何关闭燃料循环的后端和开发地质处置库，政府的策略决策必须通过策略环境评价来完成。从可供选择场址中作出最后选择将是标准环境影响评价过程的主题，就像在可适用的规章里详细说明的那样，公众和受到影响的市政当局将参与到策略环境评价和 EIA 过程中来。在上面的研究过程中，将研究建立地下研究实验室的必要性。

8.11.3.2　选址标准的制定

作为斯洛伐克深地质处置库项目的研究内容之一，研究合作组织在斯洛伐克共和国地质调查委员会的帮助下建立了一套基本的选址标准，在这个阶段还没有涉及管理机构。这个标准涉及 IAEA 安全系列第 111-G-4.1（地质处置设施的选址）和 TECDOC-991（放射性废物地质处置场址的选择和表征的经验）中的所有议题，另外在目前进行的评论过程中，也考虑了 IAEA 和欧洲国家考虑的社会经济方面以及与选址标准的一致性。

8.11.3.3　每阶段决策程序

就如在 8.11.3.1 部分中讨论的那样，在制定了关闭核燃料循环的后端政策后，政府应该对高放废物和乏燃料的管理作出决策，包括处置库的选择。

8.11.3.4　地方政府的作用

根据第 127/1944 号法令和后来修改的关于环境影响评价的第 391/2000 号法令，受到影响的市政当局应该参与到选址过程中来，以便使政府知道他们的选择并能在政府做决定的过程中给予考虑。

8.11.3.5　经费资助

第 254/1994 号国家资金法令（该法令被后来的第 78/2000 号法令和第 560/2001 号法令所修改）详细说明了核设施的运行者应该拿出每年核电站售电资金的 1%支付给受影响的市政当局以保护受影响地区的生命和环境，将来将讨论这种规定实际应用的细节。

8.11.4　管理费用

8.11.4.1　总费用估算及分类

为了计划国家资金，管理 HLW 和 SNF 的总费用估算将定期进行，总的费用估算和详细分类摘要见表 8-16。

表 8-16　HLW 和 SNF 的总管理费用和分类费用估算

费用项	费用/亿斯洛伐克克朗
乏燃料贮存 50 年	156.00
选址（从目前到 2037 年）	93.15
研究开发	82.15
公众联系	2.00
设计	9.00
建造（2030—2060 年）	202.10
废物的包装（2037—2095 年）	105.00
运行（2037—2095 年）	163.00
地下设施的关闭（2057—2095 年）	26.60
最终关闭（2095—2102 年）	6.00
总费用	752.00

8.11.4.2　费用估算机构

目前的费用估算是在斯洛伐克深地质处置库项目和斯洛伐克电力公司的要求下共同完成的，为斯洛伐克电力公司所做的那部分估算是在国家经济部的全面管理下进行的，支持预算研究是由斯洛伐克 DECOM 公司和其他的处置库项目参与者在斯洛伐克电力公司的要求下进行的。

8.11.5　融资体系

8.11.5.1　融资体系概述

包括核设施退役、核燃料循环的后端以及由退役而产生的低放废物的整备和处置费用的国家资金是根据核设施退役及乏燃料和放射性废物管理的法令制定的，该法令是第 254/1994 号法令，该法令被后来的第 78/2000 号法令和第 560/2001 号法令所修改。根据该法令做了下面的假设以计算费用：折扣/利息和通货膨胀率的最小差距将是 2.92%；在 2009 年电价将最小增加为 1.9 斯洛伐克克朗/（kW·h）。按照修改的法令核电站的拥有者（现在的斯洛伐克电力公司）每年应向资金系统支付核电厂售电总额 6.8%以及每兆瓦安装电量 35 万斯洛伐克克朗的经费，根据 2000 年的实际电价，计算得出的费用小于 0.13 斯洛伐克克朗/（kW·h），资金分配的计算细节将由国家经济部发布的法规来制定。经费可用于下列目的：

①核设施的退役；

②核设施退役后，乏燃料和放射性废物的管理；

③匿名生产者产生的放射性废物的管理;

④放射性废物和乏燃料处置库场地的购买;

⑤核设施关闭后核设施退役的研究和开发以及乏燃料和放射性废物的管理;

⑥乏燃料和放射性废物处置库的选址、地质调查、准备、设计、建造、授权、运行和关闭,还包括关闭后的管理;

⑦与资金管理有关的支出,该支出可达到资金年收入的 0.3%;

⑧核设施危险区内居民的生命和健康保护以及市政当局环境的保护和发展所占的费用。

国家经济部负责资金的管理,这些资金被存入国家资金账户,由斯洛伐克国家银行决定这些资金产生的利息的利率大小。

8.11.5.2 废物管理费用

在斯洛伐克没有专门用于放射性废物管理的费用,实际上,根据可适用的法规要求(参见 8.11.5.1)和国家经济部长作出的决定(参见 8.11.5.3),用于这些目的所需要的资金是国家资金支出的年度预算的一部分。

8.11.5.3 资金提取

每年国家资金咨询管理委员会向部长建议提取资金的数量,指派经济部长批准资金的提取。

8.11.5.4 融资体系审计

融资体系由财政部和斯洛伐克国家银行负责审计。

8.11.6 公众参与和透明度

按照第 127/1994 号法令和后来修正的第 391/2000 号关于环境影响评价的法令,通过公众听证,允许公众参与到环境评价中来,每年关于斯洛伐克深地质处置库的项目进展报告由处置库项目合作公司起草,并交由斯洛伐克电力公司用于向公众提供信息,处置库发展项目中其他未来公众参与活动的计划也在准备之中。

8.11.7 其他考虑

8.11.7.1 核责任

《原子能法》强调了由核设施运行活动(包括处置设施)而造成的 3 部分赔偿责任,运行者对任何伤害都有最终责任,废物处置活动的责任限定标准正在准备之中。

8.11.7.2　制度管控

政府对燃料循环的终端政策作出决定后，斯洛伐克共和国计划详细研究制度控制的要求，将根据关于放射性废物和乏燃料管理的第 190/2000 号规章去进行这项研究。

8.11.7.3　档案保存

根据第 190/2000 号规章，要求领到执照的人记录关于放射性废物的档案，直到处置库被关闭，处置库被关闭后，档案将被送到政府指派的公共机构以进行制度控制，这些档案必须包括放射性废物业主的历史、处理工艺、照射历史、组成和位置等。

附：中英文缩写对照

缩写	英文全称	中文
HLW	High-level Radioactive Waste	高放废物
SNF	Spent Nuclear Fuel	乏燃料
EIA	Environmental Impact Assessment	环境影响评估

8.12　南非

8.12.1　组织机构和法规

8.12.1.1　组织机构

政策/立法

国会

——颁布法律。

政府（矿产能源部）

——制定废物管理的政策和策略。

法规

核控制联邦当局（核管理机构）

——颁发执照，监控规章的执行。

辐射控制理事会（卫生部）

——管制药物和工业同位素的应用。

执行

执行机构（矿产能源部）

——负责放射性废物的管理。

南非核能公司和 ESKOM

——负责乏燃料的贮存。

经费管理实体（南非核能公司和 ESKOM）

——负责维持经费。

乏燃料和/或高放废物长期管理中涉及的政府和不同组织之间的关系如图 8-17 所示。

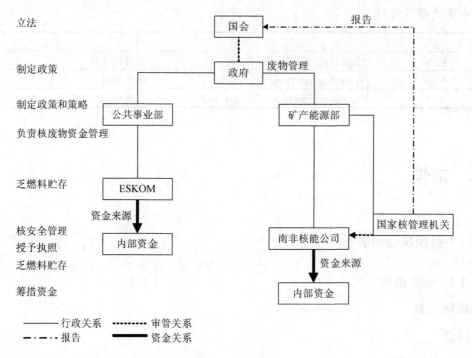

图 8-17　组织机构

8.12.1.2　执行机构

矿产能源部负责包括乏燃料贮存在内的放射性废物的管理，矿产能源部委托一个或更多个适当组织作为代表行使这项职责。乏燃料目前被贮存在反应堆场址，目前还没有指派任何一个组织负责乏燃料的处置。

8.12.1.3　法律和法规

目前还没有关于乏燃料处置的国家法律，因此也没有制定专门的关于乏燃料处置的法律和规章，然而在 2000 年 11 月发布了一份关于放射性废物管理政策的草案。

8.12.2 废物流和建议的处置库

8.12.2.1 废物流的设想

在南非共和国共有两个高放废物和乏燃料的来源，它们是 SAFARI 1 研究堆和两个压水核电反应堆，总装机容量约为 1.8 GWe。SAFARI 1 研究堆在 1965 年达到临界，虽然正在考虑革新，但也预计在 2020 年关闭。在 SAFARI 1 研究堆的寿期内预计产生的乏燃料总数约 5 m^3，包括 150 kg 铀。目前正在努力将两个运行反应堆的寿期从目前的 40 年延长到 50 年，约在 2035 年关闭，这样在它们的寿期内将产生约 4 000 罐乏燃料（相当于 1 900 t 乏燃料）。ESKOM 正在对一个所谓的鹅卵石床模型反应堆的可行性进行研究，如果建造和运行这个反应堆，将有更多的乏燃料产生。南非的试验性计划是在 2035 年前后关闭核反应堆后，将乏燃料贮存 50 年。目前还没有对乏燃料进行再处理的任何计划。

8.12.2.2 建议的处置库

没有正式的关于乏燃料处置的国家法律，因此也没有定义处置库的规格。考虑到首选在花岗岩中进行深地质处置，正在进行关于高放废物和乏燃料处置库概念设计的基本调查。在这一研究中开发的处置库特点概要如下：

乏燃料的容量：约 2 500 t

围岩：花岗岩

深度：500 m

面积：130 hm^2

挖掘的洞：15 000 m^3 用于处置乏燃料，20 000 m^3 用于处置高放废物

工程屏障系统：除回填材料膨润土外，没有考虑专门的屏障系统

由于 1986 年得到许可的低中放废物处置库已经在南非运行，因此低放废物的处置设施没有包含在这一概念中，这个处置库预计可能完全满足南非的未来需求。

8.12.2.3 管理时间表

在南非没有处置高放废物和乏燃料的国家政策和策略，因此目前还没有形成官方的时间表。然而由于反应堆的寿期从 40 年延长到 50 年以及乏燃料在反应堆现场需要贮存 50 年，核电站业主认为直到 21 世纪后 25 年，才需要处置设施。

8.12.3　地质处置库的选址

8.12.3.1　选址过程

在不久的将来关于乏燃料和/或高放废物管理的国家政策形成以后，矿产能源部长将详细地阐明处置库的选址方法。由于南非一直坚持国际标准，预计国家将采取下面的行动：初级阶段将是计划和概念设计阶段，在这个阶段里将检查和评估概念；将进行区域调查以确定多个预选场，将对这些预选场进行详细的场址特性研究和基本的安全评价，以选择出一个首选场址，预计这个阶段将用 5 年时间完成。将进行预选场址的详细调查，包括在地下研究设施中进行严格的地质技术评价和研究，从这些研究中获得的数据将被用于最终的处置库设计、环境影响评价和特征场址安全评价，这个阶段完成以后才能从管理机构获得许可证。

8.12.3.2　选址标准的制定

在不久的将来关于乏燃料和/或高放废物管理的国家政策形成以后，将制定选址标准。预计国家会坚持关于核活动的国际指导方针，在可能的选址过程中，预计在初级阶段建立指导方针和标准。

8.12.3.3　每阶段决策程序

在不久的将来关于乏燃料和/或高放废物管理的国家政策形成以后，将建立进行决策的一般程序。

8.12.3.4　地方政府的作用

在不久的将来关于乏燃料和/或高放废物管理的国家政策形成以后，将定义地方政府的作用。

8.12.3.5　经费资助

在不久的将来关于乏燃料和/或高放废物管理的国家政策形成以后，将考虑给予地方政府和居民经费资助。在过渡阶段，南非核能公司已经对位于核设施附近的当地社会进步和经济增长作出了积极的贡献。

8.12.4　管理费用

8.12.4.1　总费用估算及分类

还没有官方的处置费用估算，然而南非核能公司已经准备了一份费用估算，所以他们能够计算和保留一部分财政资金，这些财政资金对支付未来乏燃料的处置是必要的。

8.12.4.2　费用估算机构

当建立正式的放射性废物管理政策和策略时，将由矿产能源部指派负责估算高放废物和乏燃料管理费用的机构。

8.12.5　融资体系

8.12.5.1　融资体系概述

建立的融资体系是为了集中 SAFARI 1 研究堆和两个核电站反应堆产生的高放废物和乏燃料的长期贮存和最终处置所需要的资金，由南非核电公司和 ESKOM 建立基金，包括从选址到处置库关闭阶段的所有项目支出，它们每年均向这个系统划拨一部分资金。

8.12.5.2　废物管理费用

由于缺少国家处置政策和详细计划，将来很难精确地估算处置费用。然而，南非核电公司计算得到处置库的费用估算用于确定每年划拨的资金数量。

8.12.5.3　资金提取

将来阐明了放射性废物管理的国家政策后，将建立资金提取系统。

8.12.5.4　融资体系审计

每年由内部和外部的审计员审计由南非核电公司和 ESKOM 建立的基金。

8.12.6　公众参与和透明度

政府认为在选址过程的每一阶段，公众/利益相关者参与是公众接受处置库的绝对必要的条件。因此政府坚持以一种公开和明显的方式引导这个过程，在选址过程的计划阶段，将确定公众/利益相关者参与的性质和程度。

8.12.7　其他考虑

8.12.7.1　核责任

放射性废物的产生者或处置库的运行者将对这些废物管理的技术、资金和行政责任负责；如果处置库被证明符合许可证的条件，那么放射性废物产生者或处置库运行者的责任在处置库关闭时终止。

8.12.7.2　制度管控

处置库关闭后，政府将负责一定时间的制度控制，时间的范围将在未来确定。

8.12.7.3 档案保存

任何废物管理和处置设施的运行者都有责任开发和保存档案管理系统，处置库关闭后，维持这个系统的责任将移交给政府。

附：中英文缩写对照

缩写	英文全称	中文
HLW	High-level Radioactive Waste	高放废物
SNF	Spent Nuclear Fuel	乏燃料

8.13 西班牙

8.13.1 组织机构和法规

8.13.1.1 组织机构

政策/立法

国会

——颁布法律；

——对西班牙的核活动进行监督。

政府

——制定政策，批准放射性废物管理的总计划。

法规

经济部

——颁发处置库建造和运行等的执照；

——每年通过修订由国家废物管理公司提议的放射性废物管理的总计划来维持放射性废物管理的国家政策；

——计算费用；

——建立税收配额；

——控制资金的管理。

环境部

——评价和批准环境影响评价。

核安全委员会

——制定安全指导方针；

——发布颁发执照的报告。

执行

执行机构（国家废物管理公司）

——负责实施放射性废物和乏燃料管理。

经费管理机构

国家废物管理公司

——负责经费管理。

部门间监督和控制委员会

——制定基金管理和维护标准；

——监督基金管理。

西班牙乏燃料和/或高放废物长期管理涉及政府和组织之间的关系如图 8-18 所示。

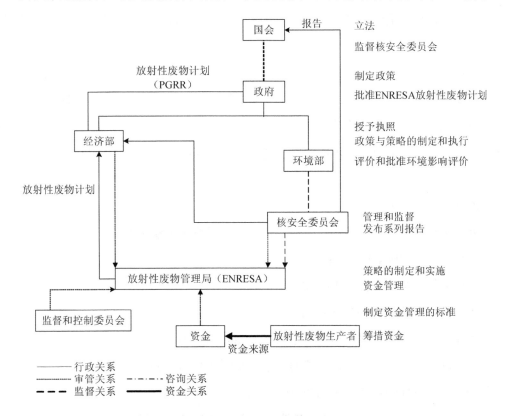

图 8-18　组织机构

8.13.1.2 执行机构

西班牙放射性废物管理局（ENRESA）是于 1984 年根据皇家 1522/1984 号法令建立的执行机构，是一家国有公司，股东是与能源有关的环境技术研究中心和国家公有公司，它们都是政府机构，与西班牙国家政策和策略一致，ENRESA 的责任是开发和实施放射性废物和乏燃料管理项目。

经济部负责定义由普通的放射性废物计划制定的放射性废物政策，该计划每年概括由执行机构 ENRESA 提议、适当时内阁批准的策略和主要行动。批准产生国家废物管理公司的皇家法令要求公司草拟一份描述前一财政年度采取行动的年度行动报告和普通的放射性废物计划的修改版。该计划通常包括现存和预测的放射性废物和乏燃料的产生、技术方法和经济财政方面，也包括由国家废物管理公司执行策略的参考框架。国家废物管理公司的主要任务如下：

场址选择、西班牙产生的乏燃料和放射性废物的贮存和处置设施的设计、建造和运行；上述所提到的物质的收集、转移和运输系统的建立；核与放射性设施退役所产生的废物管理；如果需要，从铀采矿和磨碎厂产生的残渣的整备；在核紧急事件中，向人防设施提供支持。

国家废物管理公司必须从经济部获得运行许可证，只有在核安全委员会提供了肯定的建议后，经济部才能授予这种许可证。核安全委员会是西班牙核安全和辐射防护领域中唯一的主管当局，通常它负责管理和监督核设施。根据法定的条例，它独立于行政部门而直接向国会报告，经济部参与许可证的申请过程，并与核安全委员会合作共同审批环境影响报告。

8.13.1.3 法律和法规

在西班牙可应用于高放废物和乏燃料管理的主要法律法规如下：

关于核能的 25/1964 号法令；

关于建立核安全委员会的 15/1980 号法令；

关于电力工业的 54/1997 号法令；

关于建立国家废物管理公司的皇家 1522/1984 号法令；

关于开展国家废物管理公司功能的皇家 1899/1984 号法令；

关于核与放射性装置的皇家 1836/1999 号法令；

皇家 404/1996 号法令、40/1994 号法令和修改的 1522/84 号法令。

8.13.2　废物流和建议的处置库

8.13.2.1　废物流的设想

在西班牙共有 9 个轻水反应堆在运行，总装机容量约为 7.8 GWe，根据 1999 年 7 月政府批准的第 5 个放射性废物总计划，现有的反应堆将运行 40 年，目前没有修建新反应堆的计划。除上面的反应堆外，还有一个 460 MWe 的石墨气冷堆，它目前正被国家废物管理公司拆除。1983 年政府采用开放的燃料循环政策，然而过去一些乏燃料在其他国家进行后处理。表 8-17 概括了由于所有反应堆运行而必须管理的放射性废物的数量。

表 8-17　由于所有反应堆运行而必须管理的放射性废物数量

放射性废物	数量
乏燃料	约 6 750 t
在法国后处理 Vandellos 反应堆的乏燃料而产生的固化高放废物	约 80 m³
1983 年前在英国后处理 Santa Maria de Garona 电站得到的裂变产物	少量
由于废物的高活度和/或长寿命，在 EI Cabril 处置设施不能处置的其他废物	约 5 000 m³

8.13.2.2　建议的处置库

国家废物管理公司为 3 种候选围岩（黏土、花岗岩和岩盐）开发了非场址的特性处置库概念设计，目的是为处置库系统的研究开发活动和性能及安全评价研究提供基础，这些处置库的主要特征概括如下：

容量包含 7 000 t 乏燃料的 20 000 包乏燃料

深度黏土 250 m；花岗岩 500 m；岩盐 600 m

工程屏障碳钢容器；0.75 m 的缓冲材料（黏土和花岗岩用膨润土，岩盐用盐煤饼）

目前也在考虑这些处置库可用于处置中低放废物。首先为了能体现可回取性，正在积极修正这些设计。

8.13.2.3　管理时间表

第五个放射性废物管理的总计划确定了与乏燃料和高放废物处置活动有关的时间表：

关于乏燃料和高放废物最终处置的决定不会在 2010 年前做出，2010 年国会计划评价技术进展和研究活动的结果并确定将要采用的解决方法。西班牙的处置设施计划在 2035 年运行；在 2010 年前不会进行进一步的选址活动。

为了满足这种政策的变化，国家废物管理公司已经修改了它最初的策略，新策略的主要内容如下：确认适当的场址，这时不进行进一步的现场工作；设计和性能评价活动（安全评价将继续在这一项目中扮演重要作用，特别是为了使地质信息、处置库设计和研究开发数据成为一个整体。评价将被用于指引研究开发活动和使设备设计最优化，现有的地质数据将被用于深处置库的性能评价）；关于分离嬗变的研究项目将和地质处置研究同时进行；继续和促进在国外地下研究实验室的国际合作。

8.13.3　地质处置库的选址

8.13.3.1　选址过程

1986 年国家废物管理公司开始了选址过程，它是一个分步的、系统的过程，以便在 4 个阶段渐渐地减少预选面积。这个过程是通过从西班牙的地质介质（花岗岩、岩盐和黏土）中选择出国家现有有利的地质构造而发展起来的。在 1986—1987 年开始进行这种评价，在 1990 年年初开始了有利处置地区的研究，结果对 3 种地质介质确认了约 2 500 km^2 的面积。第二阶段的目的是减少预选面积，在这个阶段要对每种地质构造开展技术上的详细说明，同时也要进行现场工作。这项工作于 1990 年开始、1995 年结束。从 1995 年开始继续更详细的地质研究工作，初步计划要求在 20 世纪 90 年代末选择出适于处置库使用的场址，计划于 1995—1997 年起草一个包括选址过程的规范和详细步骤、公众参与和向受到影响的地区提供经济援助等的立法框架，以便在 2000 年前能够选择预选场址，但是这个过程在 1997 年暂停了。虽然由国家废物管理公司进行的活动由政府控制，但在工作过程中没有公众参与，目前国家废物管理公司正参加使用国外的地下研究实验室进行研究的活动。由于政府认为在 2010 年前不会作出关于乏燃料/高放废物的处置决定，因此目前关于选址过程的详细计划还没有开展。

8.13.3.2　选址标准的制定

就像在 8.13.3.1 部分中提到的那样，在第二个阶段开展了对每种地质构造的详细说明，然而选址过程在 1997 年被暂停了，在 2010 年前不会开展进一步的选址过程，目前还没有指派负责开展选址标准的机构。

8.13.3.3　每阶段决策程序

2010 年国会做出废物处置的选择后，在选址过程中国会将形成作出决定的总程序。

8.13.3.4　地方政府的作用

2010 年国会做出废物处置的选择后，国会将指定地方政府的职责。

8.13.3.5　经费资助

还没有形成关于如何向潜在的处置库附近的地方政府提供经费资助的政策，另外，1998 年 12 月 30 日的规定和它后来的修改稿都批准国家废物管理公司向那些进行放射性废物的贮存或其他相关活动的城镇委员会分配资金，这些设施是专门为乏燃料或长寿命废物或高放废物的贮存而设计的暂时性设施。1998 年 7 月 13 日的订单详细说明了如下的四类设施，附近社区可以因为这些设施的存在而获得资助。

第一类：现场贮存乏燃料的核电站；第二类：专门为乏燃料或长寿命废物或高放废物的贮存而设计的集中暂时性设施；第三类：处于分解阶段的核电站；第四类：用于贮存低中放废物的集中暂时性设施。

8.13.4　管理费用

8.13.4.1　总费用估算及分类

放射性废物的总计划包含了乏燃料和放射性废物管理活动的费用估算，总费用约为 100 万亿欧元。图 8-19 表示了 1985—2065 年的总费用估算及年度费用。

总成本约 1 000 万欧元

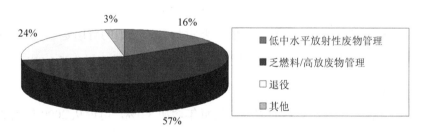

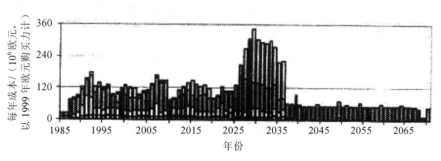

图 8-19　废物管理费用估算

费用估算包括国家废物管理公司首脑办公室社会通信的投资、总支出和费用，国家废物管理公司基金和支付股本，与乏燃料后处理、高放废物和乏燃料处置有关的费用，其他技术响应活动（如分离和嬗变）的费用，铀矿的复原，AUM 和 La Haba（都是铀矿）的退役，实验反应堆的退役，与能源相关的各种中心的使用与增加，环境技术研究设施，材料（如放射性电棒、烟雾探测器、专门资源和被污染废料等）的管理。在第五个总体规划中，大约有 55.89 亿欧元（占总费用的 57%）被用于乏燃料和高放废物管理的费用。

8.13.4.2　费用估算机构

建立国家废物管理公司的 1522/84 号皇家法令指出经济金融研究的行为是国家废物管理公司的使命之一，即建立足够的经济政策。所有放射性废物管理活动的费用估算都包括在国家废物管理公司提议的放射性废物总计划中，该计划将送经济部，随后提交给内阁进行正式批准。一旦被内阁批准，该计划将被通知国会，费用估算将受经济部的评议。

8.13.5　融资体系

8.13.5.1　融资体系概述

根据西班牙的法律，于 1983 年建立的财政系统包括放射性废物管理和核设施退役的花费，有 3 类废物产生者：燃料元件的生产者、核设施和其他小生产者（如医院、研究机构和工厂），第二类产生者（它是资金的主要贡献者）交纳的费用是通过电价加税来收集资金的，根据下列假设计算赋税：西班牙国内核电站的装机容量为 7.6 GWe，反应堆的寿期是 40 年；核电站的平均运行期限是 7 000 h/a；还有下面的经济金融因子：通货膨胀率是 2.0%，折扣率是 2.5%，电量的需求平均每年增加 3.0%，电价从 2000 年到 2002 年平均每年增加 1.0%。其他两种类型产生者交纳的费用是通过由国家废物管理公司提供服务而产生的税收来实现的。国家废物管理公司根据设定的标准，在由政府代表机关（经济部和财政部）组成的监督和控制委员会的监督下负责资金的管理。上面描述的融资体系如图 8-20 所示。

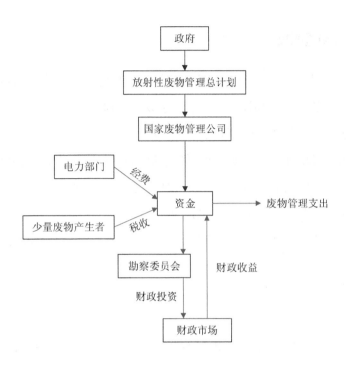

图 8-20　融资体系

8.13.5.2　废物管理费用

2000 年电价的税额是电价的 0.8%，国家废物管理公司每年根据提议的放射性废物计划计算费用，该计划必须由政府批准。

8.13.5.3　资金提取

在任何一个给定的年份内放射性废物管理的费用都包括在国家废物管理公司为当年所做的年度计划内，如上所述，该计划必须由政府批准。然后国家废物管理公司董事会根据在当年国家废物管理公司被批准的活动情况而为国家废物管理公司批准经费预算。

8.13.5.4　融资体系审计

按照 404/1996 号皇家法令，内政部委员会负责资金的审计，另外要对国家废物管理公司的账目进行如下两次审计控制：政府的审计机构检查国家废物管理公司的运行和账目；每年有一个独立的公司负责检查国家废物管理公司的年度报告，然后再提交给董事会和股东大会。

8.13.5.5　经费收入和支出

就如在 8.13.4.1 部分的表中所表示的，1998 年年底的支出是 16.717 8 亿欧元，另外预计在 1999 年提取 1.098 亿欧元欠款，2000 年 12 月 31 日资金的余额是 15.660 2 亿欧元。

8.13.6 公众参与和透明度

在 2010 年关于乏燃料和高放废物处置政策作出新的决定后将再讨论选址过程中的公众参与。第 5 次综合的放射性废物计划表明了国家废物管理公司的活动在多大程度上能被公众理解，这个计划声明公众对与放射性有关的活动是非常敏感的，并且公众对技术解决方案的可行性缺乏理解，因此为了更好地理解要解决的问题和使用的技术，有必要进行最可能的信息/教育交流活动。1998 年国家废物管理公司通过促使公众参观国家废物管理公司的设施、为专家组织会议和发放资料等方式发起了第三次信息传达计划，另外国内的四个信息中心通过提供更多的资料、为教师和社区领导组织会议等方式促进了它们的作用。

8.13.7 其他考虑

8.13.7.1 核责任

作为一个在 1960 年 7 月 22 日于巴黎签署与核能有关的民事责任协定和在 1963 年 1 月 31 日于布鲁塞尔签署补充协定的签约党，西班牙法律也采用这些协定。核设施的运行者对由这些装置造成的伤害负责，这种责任是严格的和绝对的。

8.13.7.2 制度管控

由于 2010 年前不会作出关于 SNF/HLW 处置的决定，因此这时还没有制定专门的关于制度控制的计划。

8.13.7.3 档案保存

由于 2010 年前不会作出关于 SNF/HLW 处置的决定，因此还没有制定专门的关于档案管理的计划。

附：中英文缩写对照

缩写	英文全称	中文
HLW	High-level Radioactive Waste	高放废物
SNF	Spent Nuclear Fuel	乏燃料
EIA	Environmental Impact Assessment	环境影响评估
SEPI	the State Industrial Holding Company	国家公有工业公司
CIEMAT	Centre for Energy-Related，Environmental，and Technological Research	与能源有关的环境技术研究中心
PGRR	General Radioactive Waste Plan	放射性废物计划
CSN	Nuclear Safety Council	核安全委员会

8.14　瑞典

8.14.1　组织机构和法规

8.14.1.1　组织机构

政策/立法

国会

——颁布法律。

政府（环境部）

——对主要核装置的许可执照和废物管理的核工业研究开发项目作最终决定。

法规/监督

瑞典核电管理委员会（SKI）

——负责所有核活动包括废物管理的核安全规章和监督；

——评议核工业的研究开发项目和费用计算。

瑞典辐射防护机构（SSI）

——负责所有辐射活动包括废物管理的辐射防护规章和监督；

——评议核工业的研究开发项目并向 SKI 提交评议结果。

监督/顾问机构［瑞典核废物国家委员会（KASAM）］

——向政府提供建议，并应 SKI 和 SSI 要求向它们提供建议。

执行

执行机构［瑞典核燃料和废物管理公司（SKB）］

——负责实施包括乏燃料在内的核废物处置所必需的开发、选址、建造和运行的活动；

——负责开发核工业的研究开发项目和费用计算。

经费管理机构

——核废物资金管理委员会。

瑞典乏燃料长期管理中涉及的政府和不同组织之间的关系如图 8-21 所示。

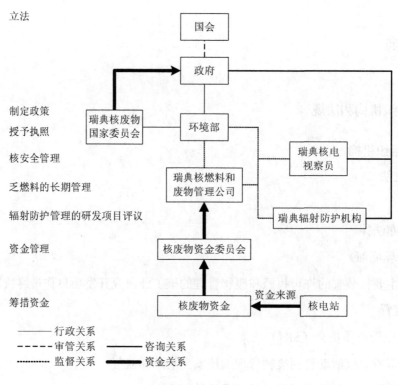

图 8-21　组织机构

8.14.1.2　执行机构

按照核活动的法令,核电站的业主负责采取必要的措施以保证它们所产生的放射性废物的安全管理并负责核设施退役,它们也负责联合进行相关的研究开发项目。这些项目要被提交给 SKI 每 3 年审计一次。为了实现这些责任,它们已经建立了联合股份公司,即瑞典核燃料和废物管理公司。因此瑞典核燃料和废物管理公司负责选址、建造和运行核设施所必需的放射性废物处置,包括乏燃料的贮存和处置以及任何有关的研究开发活动。除了 SKI 对研究开发项目的评议,KASAM 也评议研究开发项目并将结果直接提交给政府,然后政府决定该项目是否符合核活动法令的要求。

8.14.1.3　法律和法规

下面的法律和法规详细说明了瑞典放射性废物管理的要求:

国会通过的核活动法令(1984:3)详细说明了瑞典放射性废物管理以及其他核活动的要求。

政府发布的核活动条例(1984:14)规定了更加详细的执行核活动条例的要求,包括胜任机构的确认。关于如何实施法令和条例的要求，专门机构提出了更加详细的要求，这些条例如下：关于一定核设施的安全条例（SKI FS 1998：1）以及 SKI 发布的与核材料和核废物处置有关的安全条例（SKI FS 2002：1）规定了对大多数核设施的要求（如核电站、研究或材料测试反应堆、燃料加工厂、乏燃料的处理和贮存以及放射性废物的贮存和处置设施）；关于乏燃料和核废物最终管理的条例（SSI FS 1998：1）主要强调了适用于乏燃料处置的要求，也详细说明了预处置活动的要求；关于核装置的条例（SSI FS 1997：1）详细说明了适用于核活动记录管理的要求。

国会通过的关于乏燃料等未来费用资金的法令（1992：1537）详细说明了用于向 SNF 的处置提供经费的系统要求。

政府发布的关于乏燃料等未来费用资金的条例（1981：671）对用于向 SNF 的未来花费提供经费要求的实施细节做了更加详细的说明。

8.14.2 废物流和建议的处置库

8.14.2.1 废物流的设想

瑞典有 11 个在运行的总装机容量约为 1.0 GWe 的轻水反应堆和 1 个已经关闭的反应堆，这些反应堆位于国家的不同地区。根据 1999 年的政治决定，Barsebäck 1 反应堆已经关闭，Barsebäck 2 反应堆也将关闭，但不可能在 2003 年前关闭。在 Studsvik 场址也有 1 个研究堆在运行，目前瑞典的法律禁止建造新的反应堆。计划直接处置国家产生的所有乏燃料。瑞典核燃料和废物管理公司预计经过 40 年运行时间后产生约 9 000 t 乏燃料。在 2000 年年底大约 3 400 t SNF 贮存在中心贮存设施 CLAB 处，每年大约产生 300 t SNF。瑞典不产生高放废物，然而瑞典的放射性废物流包括一定的长寿命废物，计划它们将被处置在深地质构造中，这些废物主要包括反应堆的内部和中心部分（大约 9 700 m³）。

8.14.2.2 建议的处置库

瑞典计划建造处置乏燃料的深地质处置库，处置库主要的设计参数见表 8-18：

表 8-18 处置库主要设计参数

容量	9 000 t 乏燃料（包装在约 4 500 个罐中）
深度	地下 400～700 m
围岩	结晶岩
面积	0.3 km² 地面设施，1～2 km² 地下设施；
工程屏障	用铸铁（高机械强度）支撑的铜罐（抗腐蚀），缓冲材料是在每个处置孔中的膨润土

一些长寿命的放射性废物也将被处置在深地质构造中，这些废物主要包括反应堆的内部和中心部分（大约 9 700 m³）。

8.14.2.3　管理时间表

瑞典乏燃料处置的时间表由瑞典核燃料和废物管理公司提议，它是研究开发项目的一部分，该项目由权威机构和其他相关政党负责审计，特别指出的是，在 2000 年 12 月 SKB 提议了 3 个预选地点作场址调查，该调查包括广泛的钻孔和地表表征，向有关市政当局咨询（参见 8.14.3.3 部分）去除其中的 1 个（2002 年 4 月），而剩余的两个被接受为场址调查的预选地，为处置库的开发，SKB 提议随后事件。

场址调查	2002—2007 年
提交选址和建造的许可证申请	2007 年
详细的描述和建造	2009—2015 年
准许开始初步运行	2013 年
开始放置废物	2015 年

同时将有一个包装乏燃料厂的选址和建造过程如下：

提交选址和建造的许可证申请	2005 年
建造和试运行，包括冷实验运行	2007—2012 年
提交运行申请	2012 年
试运行后，允许真正的试验运行	2014 年

上面概括的时间表不被法律或任何其他的正式决定所固定，因此可能会随时间的变化而变化。

8.14.3　地质处置库的选址

8.14.3.1　选址过程

选址过程由瑞典核燃料和废物管理公司计划，由执政者及相关的政党包括参与这一过程的市政当局负责评议，主要过程包括 3 个阶段，如图 8-22 所示及下文所述：

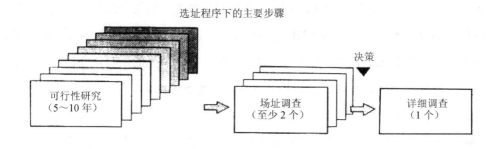

图8-22 瑞典选址主要过程

（1）可行性研究。

在该阶段进行研究的基础是现有的数据，还没有进行钻孔，研究考虑了很多方面，包括以下几个部分：

长期安全：编辑和评价现有的关于基岩、地下水流动和地下水化学等的数据；

运行阶段的技术和安全：拥有基础结构、设备和运输的可行性；

土地和环境：土地使用的限制，利益冲突的可能性、与市政发展计划的一致性、易受破坏的自然文化保护等；

社会：劳动力的可用性、公众观点、对房地产和旅游的影响以及社会心理变化等。

这些初步计划设想在5～10个市政当局内进行可行性研究，有8个可行性研究已经完成了，2000年SKB提议了3个市政当局内的预选区域进行场址调查。该研究中包括大量信息，并且与相关的市政当局和市民进行了咨询活动。

（2）场址调查。

场址调查阶段包括下列活动：钻孔实验；安全评价；设备设计；环境影响评价；咨询市政当局、公众、地区和国家机构。

虽然尽力进行了地质场址表征和评价，但是也进行了诸如基础设施、运输、社会影响和地方发展的研究。场址调查计划持续4～8年，在场址调查阶段，SNF封装厂的选址和设计也完成了。目前的计划是在至少两个市政当局内进行场址调查，场址调查有助于获得在第三阶段期间为准备执照申请所必需的信息。

（3）详细的调查和建造。

根据核活动法令（SKI执行的管理评价）和环境法规（由地方环境法院评价），第三阶段是进行正式的许可证申请。根据评价的结果，政府颁发所要求的许可证。在这个阶段，

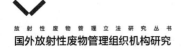

将在隧道和竖井内对基岩进行详细的调查，并将建造处置库的第一部分。从适当的管理机构（SKI 和 SSI）获得的许可将使 SNF 包装在罐中并放置在处置库中。SKB 提出了场址调查的常规计划，该计划提交给管理机构评论。详细和特定场址的项目正在进行中，并且必须在真实的调查开始前，可以用到这些项目。至于地下研究实验室，SKB 在 1994—1995年建造了 Äspö 硬岩实验室，从实验室建造开始，一直在 Äspö 硬岩实验室内进行研究开发活动。研究开发活动的目的如下：开发和测试检查基岩的方法；提出一些方法，使得采用的深处置库适合于当地的岩石性质；提高对深处置库安全极限的科学理解，开发和验证适用于 SNF 处置的技术。

8.14.3.2　选址标准的制定

瑞典核燃料和废物管理公司负责设计选址标准，并且作为它们研究开发计划的一部分。该标准将提交给 SKI 每 3 年进行评论一次，该标准也是与不同的利益相关者进行咨询的内容，在整个选址过程中选址标准将被发展、应用，并将继续被细化。由于在每个阶段知识和数据库都会增加，因此在选址过程的不同阶段选址标准也是不同的。选址标准主要是长期安全（如地质、地下水流和化学）和其他方面（如用地、环境、社会方面、基础设施和运输）的标准。在可行性研究中，瑞典核燃料和废物管理公司在下面三个步骤中应用选址标准：

（1）去除潜在的不好地质条件的地区——例如，应避免下列特征：有可能的矿物开采价值的岩石类型；非常异类的基岩；变形区域和有新建筑缺点的区域；显著的地下水流区域；有反常的地下水化学迹象的区域。

（2）现场检查和研究以确定所选择的区域。

（3）可选择场址的调查——下列特征被 SKB 认为是有利的：众所周知的岩石类型；有很少裂隙带的大区域；暴露的岩石和/或薄土壤覆盖层、简单和均匀基岩与正常裂隙之间面积的高比例；易于建造和运输，有限制地建造新的运输路线；几乎没有土地使用和环境利益冲突；对该地区的积极看法。

在场址调查阶段，提出和评价地质选址项目（包括定性和定量标准），标准有如下两类：

要求必须满足的绝对情况，并且要求在整个选址过程中是不变的；应该满足但不一定必须满足的情况。瑞典核燃料和废物管理公司和执政当局必须依据全面的安全评价，而不能仅仅依赖一个标准。因此 SKI 提出了一个非常全面的选址方针，主要考虑的地质因素是热、机械和化学性质。

8.14.3.3 每阶段决策程序

就如在 8.14.3.1 部分中描述的那样，选址过程可被分为 3 个主要阶段，在选址过程的每个阶段由 SKB 作出是否继续进行的决定。然而实际上市政当局也对这样的决定有决定性的影响。在最后阶段政府作出正式的批准并开始进行机构管理。从 1993 年开始，根据与市政当局达成的自愿协议，SKB 在 1993—2000 年完成了 8 个可行性研究。市政当局监控和评价该研究，他们的评价结果包括在最终报告中。根据这些可行性研究的结果，SKB 在 2000 年 11 月得出结论：他们愿意在 2002 年，在位于 3 个市政当局边界的 3 个地区开始场址调查。SKB 请求相关的市政当局赞成他们的计划。市政当局很早就让人们知道：他们要求由管理机构和政府执行对 SKB 结论的评价，然后市政当局才准备给 SKB 回复。

在对 SKB 的研究开发计划（该计划是与 SKI 共同管理的）评论的过程中，包括 SKB 的结论在内的可行性分析结果也将被评论。SKI 在 2001 年 6 月向政府提交结论和建议，在 2001 年 11 月政府声明不反对 SKB 在 3 个被提议的场址开展研究。

到 2002 年 3 月其中有两个市政当局（所有市政委员会一致的决定）批准 SKB 开始场址调查，但是第三个市政当局对这个观点分为两派，在 2002 年 4 月第三个市政当局以微弱的票数获得反对 SKB 提议的权利，在场址调查过程中的活动已经在 8.14.3.1 部分中描述了，这些活动预计持续 4~8 年。根据结论 SKB 期望选出一个场址进行详细的表征，并向政府和管理机构申请正式的许可证以在这个场址开始这些活动；

根据核活动法令（SKI 执行的管理评价）和环境法规（由地方环境法院评价），选址过程的下一个阶段（详细的调查和建造）是申请正式的许可证。许可证申请包括全面的安全评价和环境影响描述，而全面的安全评价和环境影响描述必须以向参与的政党（诸如地方、地区和国家机构，地方的市政当局，可能受到影响的居民，普通公众以及有关的公众）进行广泛的咨询结果为依据。

如果当地的市政当局同意（市政当局有否决权），政府仅仅授予执照以进行详细表征。然而理论上来说，政府有权否决市政当局的否决意见。如上所讨论的，在场址选择的过程中，有许多制约“作出决定的因素”。在早期的时候，SKB 根据这些市政当局拥有的有希望的地质概况和他们可以进行可行性研究的观点，SKB 选择部分市政当局进行可行性研究。SKB 选择了 3 个市政当局的 3 个地区进行场址调查。政府在 2001 年 11 月认可了 SKB

的结论，后来，有两个有关的市政当局接受了 SKB 的提议，但是第三个市政当局反对。4～8 年的场址调查后，当 SKB 准备对选择的场址进行详细表征时，根据相关市政当局的决定，将有一个正式的政府和管理机构决定以确定是否开始进行场址表征。如果没有意想不到的困难，SKB 将决定申请建造和使用处置库的许可证，管理机构（也可能是政府）将决定是否颁发这个许可证。

8.14.3.4　地方政府的作用

地方政府参与到处置库建立过程的每个阶段：相关市政当局的同意是 SKB 进行可行性研究的条件之一；只有场址所在的市政当局决定参与场址调查时，场址调查才能开始；在进行详细的场址调查和建造前，必须由政府颁发许可证，如果市政当局同意这个项目，政府才能颁发执照以进行详细的场址调查。

8.14.3.5　经费资助

关于乏燃料等未来费用的资金法令和规章包括从核废物资金中提供财政资助，这部分资金包括用来在市民中传达信息和树立信心等的市政费用，受到影响的市政当局向瑞典核燃料和废物管理公司申请财政支持，瑞典核燃料和废物管理公司每年向每个市政当局提供 400 万 SEK 资金，这种支持并不是一般的补偿，而是用于通知居民的市政当局的实际费用支出，只有直接参与选址过程的市政当局才有权利接收这部分资金，相邻的市政当局无权接收。

8.14.4　管理费用

8.14.4.1　总费用及分类估算

表 8-19 列出了由核废物资金支持的项目的费用估算，这些费用是根据 2001—2065 年的计划估算的，所有的数值都以 2001 年 1 月的价格水平为参考，用百万瑞典元（MSEK）表示。根据这些数值 SNF 处置的费用估算是 28 000 MSEK，作为对管理机构的补偿，应向总费用估算中再加 2 000 MSEK，其他的，例如，向地方政府提供财政支持的费用所占的比例不大，但值得一提的是，在过去的几年中，向市政当局提供信息的补助已经从每年 8 MSEK 变化为每年 15 MSEK。

表 8-19　由核废物资金支持的项目的费用估算

费用项	估算的未来费用/MSEK
管理、研究和开发	4 284
运输系统、运行和维护	1 311
核电厂退役	13 509
乏燃料中间暂存设施	3 986
乏燃料包装	6 348
乏燃料处置	13 398
低中放废物的深处置	556
退役废物的处置	1 725
全部项目的总费用	45 117

8.14.4.2　费用估算机构

根据 SNF 未来支出资金的法令，从 1982 年起反应堆业主每年计算废物管理的费用，要求反应堆业主在这个过程中互相合作，因此由 SKB 进行费用计算，每年由 SKI 评价和监控费用估算，并根据年度支出的结论，最后将费用估算提交给政府。

8.14.5　融资体系

8.14.5.1　融资体系概述

1981 年通过立法建立了核废物基金，这些基金包括为未来乏燃料的安全管理、核电厂退役和瑞典核燃料和废物管理公司的研究开发所需要的费用，关于 SNF 未来花费的法令和法规管制该融资体系，SKI 根据 SKB 制定的费用估算每年评价核电站的费用估算，并向政府作出关于来年费用量的建议。每年政府都要固定每个核电站产生每度电所需要缴纳的费用，费用的多少是根据 25 年内每个核电站发电的多少进行估算的。所收集的大部分资金（2001 年 12 月 31 日是 88%）被投资到具有利率的账号里，根据这些投资的利率，委员会声明到 2020 年投资的平均回报是 4%，随后的几年里，利率回报将是 2.5%。费用是从核电站的业主收集到基金中的。直到 2002 年中期所有的资产将被存在国家债务办公室的账号里，这与国债的形式相同。从 2002 年 7 月 1 日起，所有的投资都将以国债的形式投放市场。作为一个独立的政府机构，核废物基金委员会负责保证基金的管理满足长期的足够利润回报和流通性。除了上面提到的资金系统，还要求核电站的运行者向 Studsvik 的研究堆和 Agesta 的已经关闭的反应堆的废物管理提供资金支持。

8.14.5.2　废物管理费用

一般基金收集是平均核电站每产生 1 kW·h 电收费约 0.01 SEK，如果收集到的资金被分派到总的电量消耗，那么费用将是 0.01 SEK/（kW·h），费用每年将按照上面讨论的程序进行。而且按照 Studsvik 法令，要求所有的反应堆业主付 0.001 5 SEK 的放射性废物管理费，这些废物主要来自位于 Studsvik 的研究堆和 Agesta 的已经关闭的反应堆。

8.14.5.3　资金提取

每年 SKI 批准 SKB 的正常预算，预算被批准后，SKB 每个季度都会提交一份关于上一季度和上年费用履行情况最终报告的建议。反应堆业主正式向 SKI 要求支付费用，SKI 然后作出从基金中支付费用的正式决定，并由核废物基金委员会向核电站业主支付费用。特殊支出的申请可直接向政府提出。

8.14.5.4　融资体系审计

如下所示，瑞典有几种不同审计：

首先，SKB 的活动和资金每年由独立的注册会计师审计，SKI 也不得不监控和监督融资体系，通过评价年度预算和计划以及每个季度向 SKB 建议支付资金来进行监控和监督资金系统。其次，SKI 通常进行长期的审计以提高年度经济审计的质量，在长期的审计中，根据要求可能会出现大量的货物清单，也可能会提出一些特殊的话题。SKI 和资金委员会有权根据临时方针执行额外的审计和/或要求。

8.14.5.5　经费收入和支出

到 2000 年 12 月 31 日为止，收入和支出概括如下：

以售电收入为基础的收费　　　　232.346 亿 SEK

财政收入　　　　　　　　　　　144.173 亿 SEK

费用　　　　　　　　　　　　　130.625 亿 SEK

2000 年 12 月 31 日资金　　　　245.894 亿 SEK

8.14.6　公众参与和透明度

环境法要求瑞典核燃料和废物管理公司商议并通知住在计划处置库附近的居民以及更广泛意义上的公众，实际上没有地理限制，有关的居民都可以参与，另外要求瑞典核电管理委员会和瑞典辐射防护机构通知所有受到核安全危险的公众，公众可以通过各种各样的途径参与，例如公众听证会、信息和讨论会、研讨会以及与所选的代表讨论等方式。所有参与的市政当局使他们的居民得到更多的信息，并使他们积极地参与选址过程。例如，邀请各种组织的代表和核设施附近地区的居民参与场址调查有关的市政活动。在市政当局使用的方法中，也会用到本地的公民投票。

8.14.7 其他考虑

8.14.7.1 核责任

核责任法令包括涉及由核废物管理事故和运行造成危害的法令，这个法令指出核装置的运行者（包括地质处置设施的运行者）有责任向遭受个人危害和财产损失的个人提供补偿，运行者的责任在数量上是有限值的，从 2001 年起这个限值是 33 亿 SEK。

8.14.7.2 制度管控

还没有确定或正式决定可回取性和制度控制的计划，然而正在进行这些方面的研究开发活动。SKI 法规（SKI FS 1998：1）规定应该设计核废物最终处置的设施以便处置库关闭后的屏障能够提供所要求的安全而不打算回取、监控和维护。

8.14.7.3 档案保存

通常执行机构负责档案的管理，但是还没有开发档案管理系统，SSI 已经发布了建立档案管理的法规，该法规要求将关于废物处置的详细档案保存在档案室里 100 年以上，当设施退役或关闭后相关的记录将被送到国家或地区的正式档案室里，当档案被转到 SKI 或 SSI 后，公众才可以接触到这些档案。如果公众要求，管理机构应该使公众接触到这些非保密的信息。

附：中英文缩写对照

缩写	英文全称	中文
SKI	Swedish Nuclear Power Inspectorate	瑞典核电管理委员会
SSI	Swedish Radiation Protection Authority	瑞典辐射防护机构
KASAM	Swedish National Council for Nuclear Waste	瑞典核废物国家委员会
HLW	High-level Radioactive Waste	高放废物
SNF	Spent Nuclear Fuel	乏燃料
SKB	Swedish Nuclear Fuel and Waste Management Co.	瑞典核燃料和废物管理公司

8.15 瑞士

8.15.1 组织机构和法规

8.15.1.1 组织机构

政策/立法

国会

——颁布法律；

——批准一般的执照。

政府（联邦环境、运输、能源和通信部）

——颁布政策；

——授予执照；

——规定费用。

法规/监督

瑞士联邦能源办公室（BFE）/（HSK）

——管理申请执照过程；

——发布管理指导方针；

——在核设施内管理辐射防护；

——评议项目；

——监督核设施的运行和运输。

管理机构［瑞士联邦核安全委员会（KSA）］

——对执照申请提供建议，检查核设施的运行并建议基本的安全问题。

咨询机构：各省关于放射性废物管理工作组（AGNEB）

——处理与废物管理有关的重要问题；

——为政府决策准备技术报告。

放射性废物处置地质委员会（KNE）

——提供关于地质问题的建议。

执行

执行机构［放射性废物处置的国家合作委员会（NAGRA）］

——负责处置设施的准备工作。

ZWILAG

——负责放射性废物和乏燃料的处理和暂存。

资金管理机构

——废物管理的资金管理委员会。

瑞士乏燃料和高放废物长期管理中涉及的政府和组织之间的关系如图 8-23 所示。

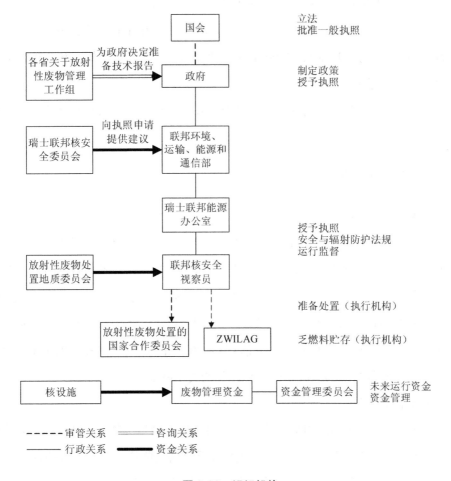

图 8-23　组织机构

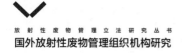
8.15.1.2 执行机构

放射性废物处置的国家合作委员会于 1972 年由核电站的运行者和联邦内务部建立，它负责废物处置设施包括放射性废物存量的准备工作，一旦决定在瑞士建造处置库后，将指派负责地质处置库的建造和运行的实施组织。ZWILAG 负责乏燃料、高放废物和其他废物的贮存、特殊低中放废物的整备以及废物的焚烧。

8.15.1.3 法律和法规

下面的法律详细说明了关于放射性废物安全管理和资金系统以及其他核活动的要求：

原子能法令（1959）；关于原子能法令的联邦法（1978）；辐射防护法令（1991）。

下面的文件详细解释了这些法令和法规的要求：

辐射防护条例（1994），准备措施的管理（1989）；核设施退役资金的联邦条例（1983）；核电厂废物管理资金的联邦条例（2000）；放射性废物处置的防护目标（HSK-R-21/e，1993，11）（安全标准和要求）。

原子能法令将被国会广泛的修改（该法令是在 2001 年准备的政府草稿，该草稿正在被国会讨论）。

8.15.2 废物流和建议的处置库

8.15.2.1 废物流的设想

瑞士有 5 个在运行的总装机容量约为 3.2 GWe 的轻水反应堆，反应堆在预计 40 年的运行时间后约产生 3 000 t 乏燃料。然而如果安全能够保证，反应堆的寿期可能会延长，大约 1 200 t 乏燃料将被后处理（几年前约 1 000 t 乏燃料被后处理）。根据 40 年的运行时间、与后处理公司的现有协议、闭合燃料循环约产生的 1 000 t 乏燃料以及开放燃料循环产生的 2 000 t 乏燃料，预期产生的废物数量估算有 1 000 m³ 高放废物和 5 000 m³ 乏燃料（包括外包装），没有外包装的高放废物的体积预计约为 130 m³。

8.15.2.2 建议的处置库

瑞士考虑在瑞士北部的深地质结构中建造用来处置高放废物/超铀核素/乏燃料的国家处置库，这个处置库将包括用来放置高放废物和乏燃料的隧道、用来放置超铀核素的另一个隧道以及可进入的垂直道或坡道。下面的处置库描述根据是 Opalinus 黏土项目，该项目是由放射性废物处置的国家合作委员会实施的。高放废物和乏燃料处置库的容量是根据 5 个现有核电站 40 年的运行时间和现在的后处理协议建造的。

容量：约 660 罐的高放废物，约 1 200 罐的乏燃料（2 000 t 乏燃料）

深度：650 m

围岩：黏土

面积：地下 1 000 m×700 m

　　　工程屏障：高放废物/乏燃料

　　　玻璃基质燃料小球

　　　不锈钢瓶燃料集合体

　　　不锈钢罐

　　　膨润土回填材料（围岩）

一定量的超铀核素将和高放废物与乏燃料共同处置在国家处置库；超铀核素废物包括下列组成：浓缩液、泥浆、被压缩的外壳以及由后处理产生的废物；包括由工业和研究设施产生的长寿命核素的废物；各种各样的其他废物。其中前两类废物预计约有 800 m³（包装后有 4 000 m³）。

8.15.2.3　管理时间表

瑞士在高放废物和乏燃料处置计划中的下一个里程碑是完成该计划已证明的现有的大量岩石具有作为地质处置库的必要性。该报告由放射性废物处置的国家合作委员会准备并且在 2002 年年底交给政府评议。在该项目的框架内，放射性废物处置的国家合作委员会将提议一个可能的地区作为国家处置库，然而参与多国处置库项目也是未来的一个选择。与放射性废物处置的国家合作委员会的项目比较，将开展一个计划以定义将要采取哪些后续步骤以开发国家处置库，这个计划将由联邦政府批准。计划中强调的主要论点包括以下几部分：决定关于进行多国处置还是处置在瑞士的时间表；在选择的场址（如一个岩石实验室）的活动。瑞士计划颁布所要求的各种执照以使处置库在 2040—2050 年开始运行，在处置前，瑞士核电站要有 40 年的运行时间和最少 40 年的乏燃料和/或高放废物冷却时间，因此要求处置库在 2065 年前运行。

8.15.3　地质处置库的选址

8.15.3.1　选址过程

在 20 世纪 70 年代末期进行的研究包含了瑞士的所有地区，其中包括广泛可能的围岩，由于高山地区的不断隆起，可能的选址地区仅限于中部平原以及延伸到德国边界的 Tabular

Jura 地区。可能的选址地区范围比大多数国家少，地质状况也相当复杂，然而广泛的地质构造提供了好几种预选的处置库围岩。在 20 世纪 80 年代初期，预想了 3 个阶段的地质处置库选址策略，策略的主要部分概括如下：

第一阶段：根据广泛的钻孔数据进行地区研究以及广泛的地表测量（如地震调查）；第二阶段：更加仔细的调查（钻孔和详细的 2D 和 3D 地震测量）在第一阶段中选出的最好位置以检查更小面积的选址可能性；第三阶段：对候选场址进行深地下探测和全面的描述。自从开展这个策略以来，已经进行了第一阶段和第二阶段的关于花岗岩和沉积岩的研究。起初优先进行花岗岩的研究，同时对沉积岩进行有限的研究。1989 年完成了对花岗岩的区域研究工作并于 1994 年对相应的分析报告进行了定稿，完成了对花岗岩的研究工作后（包括于 1996—1997 年在 Mettau 地区进行的 2D 地震探测，并确定了可能的钻孔位置），又完成了对沉积岩的研究。目前已经完成了对沉积岩的钻孔和地震测量，这些结果预计在 2002 年年底之前交给政府。考虑了第一阶段和第二阶段的研究结果后，政府会确定是否对瑞士乏燃料和高放废物地质处置的可能性表示满意（包括对现有的足够大围岩的确认），如果决定是积极的，将在最有希望的场址进行第三阶段的研究。预计进一步的第三阶段的地下表征将导致提出处置库的详细规划。在瑞士有两个地下研究实验室，一个是花岗岩的 Grimsel 实验室，一个是 Opalinus 黏土的 Mont Terri 岩石实验室，后者由水利和地质联邦办公室管理。建立这些地下研究实验室起初是为了开展和修改地下研究计划，然后来收集数据、开发和完善概念模型。目前在这些实验室进行的工作包括大型国家合作以验证地质处置的可行性和安全性。

8.15.3.2　选址标准的制定

瑞士联邦能源办公室负责开发瑞士使用的地质处置库的安全标准，选址的指导方针被认为是处置库的性能目标而不是详细的标准，放射性废物处置的国家合作委员会负责为两类预选岩石（花岗岩和沉积岩）制定单独的选址标准，概括如下：

结晶岩——选择结晶岩作为预选围岩是根据以下标准和假设：该地区的低地震性；古老而牢固的基岩；好的水文地质条件；好的水化学和地质化学条件；较小地使用自然资源的可能性（地热能除外）；可能是用国外以结晶岩为基础的处置项目的数据（关于这个课题有很多信息，也有很多可应用于瑞士情况的大量数据）；从机械和工程上来说花岗岩和片麻岩是有吸引力的。

沉积岩——沉积岩的选择标准如下：足够的深度和厚度；简单的构造学和几何学；较

低的水流速度。

除了上面的标准，对于每种基岩，还要考虑下面的详细性质：岩石层位学；厚度；深度和广度（可利用的体积）；大地构造地质学、自然资源和可开发性等特殊方面；岩石的机械参数；水流系统的地质性质（包括渗透率和孔隙率等）；水利学性质；水化学、地质化学、矿物性质以及吸附性质。最后除了上面列到的标准和性质（这些是主要的安全方面），在选址过程中还要考虑第二类标准（如环境、土地使用和运输）。

8.15.3.3　每阶段决策程序

2002 年 12 月关于沉积岩调查结果的报告交给政府以后（沉积岩的报告上一次提交是在 1994 年），政府将评价地质处置库的建造是否可行。如果评价结果是积极的，继续进行调查，还需要好几个许可证，所有的核设施（包括放射性废物处置设施）必须由联邦政府根据原子能法令的要求颁发许可证。在处置库选址阶段由两个颁发许可证的阶段（第一是预备测量许可证，第二是选址决定后的全面许可证），联邦政府将通过下面的过程对许可证的颁发作出决定。

预备测量许可证，要求颁发预备测量许可证的目的是进行探测性的凿洞和挖巷道以进行场址表征。

全面许可证，这类许可证详细说明了许可证应用的核设施的场址和基本规划，也说明了处置库的性质以及将要处置废物的体积。

建造和运行许可证，为全面许可证考虑的标准必须进行更加仔细的考察。

如果联邦政府决定颁发全面许可证，那么这个决定连同任何情况、规定以及解释报告（如果需要）一起发表在联邦政府公报上。之后这个决定然后提交给国会批准。

8.15.3.4　地方政府的作用

在考虑采取预备措施的执照申请过程中，咨询并允许涉及的联邦处、受影响的行政区和地方政府以及公众提出反对意见。在考虑全面执照以及建造和运行执照的申请过程中，将再次收集来自涉及联邦处、受影响的行政区、地方政府和公众的意见。联邦政府授予一般执照后，在涉及的行政区内必须进行单独的执照申请过程，包括诸如土地使用和采矿计划，在考虑执照申请过程中可以提出附加的反对意见。

8.15.3.5　经费资助

因为目前还没有选定确定的地质处置库，另外处置库在几年内也不会运行，因此还没有讨论有关向预选处置场周围的地方政府提供经济援助或补偿的决定。

8.15.4 管理费用

8.15.4.1 总费用及分类估算

瑞士高放废物或乏燃料管理的总费用估算准备包括用于保证高放废物或乏燃料以及由核电站所产生废物（不包括退役废物，这部分已经建立单独的资金）的最终处置必需的所有活动。总费用估算的主要假设和限制条件概括如下（表 8-20 概括了总费用估算的结果）：

表 8-20 瑞士高放废物或乏燃料管理的总费用和分类估算

费用项	估算的费用/10^6 CHF
运输	262
集中废物处理	818
暂存	1 056
处置包装体	444
燃料元件的管理	4 763
低放/中低放废物的处置	1 748
高放/超铀元素的处置	3 884
废物管理总费用	12 975

假设 5 个核反应堆的运行寿期是 40 年，产生了大约 3 000 t SNF，其中大约 1 000 t SNF 将进行后处理；反应堆退役和拆除的时间是 15 年；处置前 SNF/HLW 的冷却时间是 40 年；到 2040 年集中处理废物；所有的废物集中贮存到 2064 年；L/ILW 处置库运行时间是 2050—2064 年。

上面概括的总费用估算包括废物管理设施建造和运行的总费用、普通支出（安全机构等的支出）、运输、包装容器、来自第三方的退役服务以及向地方政府提供的经济补助。

8.15.4.2 费用估算机构

按照核电站放射性废物管理资金条例的要求，由联邦环境、运输、能源和通信部建立的管理委员会负责放射性废物管理的总费用估算，管理委员会要求废物产生者（核电站的运行者）通过他们的常务委员会（UAK）协助工作。管理委员会也依靠瑞士联邦能源办公室从技术的角度来检查总费用估算。常务委员会目前正进行最后的费用估算，这个最新的费用估算将准备在 2002 年由瑞士联邦能源办公室进行。

8.15.5　融资体系

8.15.5.1　融资体系概述

按照核电站放射性废物管理资金条例的要求,将收集和维持于 2001 年建立的所有资金资源,这些资源必须包括瑞士核电站停止运行后所有放射性废物的管理费用。在 8.15.4.2 部分中提到的管理委员会负责这些资金的管理和资产的投资。这些经费包括在核电站的运行阶段每年从核电站运行者收集的费用和核电站运行期间所付的资金。这些经费实际上由核电站运行者控制以保证可用这些资金支付废物管理费用,即使运行者严重负债、宣布破产或进入清算阶段。

8.15.5.2　废物管理费用

与经济-数学模式一致(将仔细考虑利益和通货膨胀),根据在 8.15.4.1 部分中列举的假定时间表计算年度费用,对于每一个核电站,将计算 5 年间的年度费用。核电站的运行者直接将年度费用支付给基金,由于基金在 2001 年才开始运行,因此核电站的运行者必须支付额外的费用给基金,就好像从核电站的运行时间起该基金就存在一样。费用不是根据每度电进行计算的。然而如果费用是每度电的费用,那么瑞士所有运行的核电站,平均费用将是 0.01 CHF/(kW·h)。

8.15.5.3　资金提取

在核电站关闭前不久,管理委员会将准备一个费用管理的经济计划和年度预算,管理放射性废物的费用将从基金中支取,从基金中支取的费用将限于在 8.15.4.1 部分中所列举的费用项目。

8.15.5.4　融资体系审计

在发布新的法令前,核电站的运行者应该留出一部分资金存入他们自己的账目中,而这些账目由私人会计师审计。然而自从新法令实施以来,这些资金每年由独立的审计者审计。另外,外国专家可以根据联邦环境、运输、能源和通信部的要求对资金系统进行审计。

8.15.5.5　经费收入和支出

到 2000 年年底,核电站的运行者已经留出了 79 亿 CHF 资金,其中已经花费了 34 亿 CHF 支付了 NAGRA 和 ZWILAG 等的活动,14.4 亿 CHF 支付到了 2001 年的资金,还包括支付了 2002 年前基金建立之前的费用,2002 年期望贡献更多的资金。

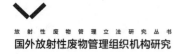

8.15.6　公众参与和透明度

下面将讨论在选址过程中各种各样的公众参与形式：

在由联邦核执照申请程序详细说明的作出决定的过程中，保证正式的公众参与；

在预备措施的申请过程中，申请必须发表在联邦公报上以使公众能够检查；允许可能受执照影响的公众和地区在一定的时间内提出反对意见，联邦政府会考虑这些意见或异议以决定是否颁发执照；

在颁发全面执照的过程中，任何人都有两次机会提出建议或提出书面反对意见，为了便于公众的检查，所有执照的申请都应该发表在联邦公报上，在执照的申请发表以后的 90 天内任何人都可以提出书面的反对意见，联邦政府从联邦、涉及的联邦当局和各种专家机构处收集到意见以后，联邦政府会得到对于执照申请的全面检查的结论。任何公众对于政府的结论还可以再次提出书面反对意见。至于预备措施的申请，联邦政府也会考虑这些建议和异议以决定是否颁发申请。

当开始进行现场调查时，将建立一个专门的委员会以调查执照要求的所有条件是否都被满足，当地反对组织的代表通常被包括在这个委员会中。如果调查在国界附近进行，要增加两国间的透明度和信息交流（如外国的地区机构能够委托代表进入该委员会）。

根据法规要求的正式的公众参与过程，政府组织了利益相关者之间的建设性对话。根据公开和透明的政策，NAGRA 已经以技术报告的形式公开了所有的调查结果，根据预计的读者要求，NAGRA 也定期发表各种各样的资料以提供给公众关于 NAGRA 活动的信息。NAGRA 通过与社会各阶层的直接联系和讨论进行双向信息交流，组织参观者对研究场址和岩石实验室进行公开的、有引导的参观。

2000 年 NAGRA 用于公共关系和文件的费用累计约 290 万 CHF。对公共通信支出的费用利益分析主要是通过投票或者公民直接反馈在网站上的方式进行的。NAGRA 对公共关系和文件支付的费用以总数的形式发表在年度账号中，其中包括个人费用和其他支出。

在瑞士，人们公认：应广泛地解释参与执照申请阶段人们的权利，对有质疑的核设施，距离 20 km 以上的人们也有权参与，居住在国外、但是邻近的人们也有权参与。

8.15.7　其他考虑

8.15.7.1　核责任

1983 年 3 月 18 日，瑞士发布的在核能领域关于民事责任的法律中规定：核设施的运行者包括最终处置库的运行者的责任由运行者自己承担，并且责任是无限的，法律要求运行者与私人保险公司签订标准风险保险单，高达 10 亿 CHF 金额的保险包括与核有关的风险，高达 1 亿 CHF 金额的保险包括利益和诉讼费用。保险的情形包括同样数额的非标准风险（这种风险不被私人保险公司担保，比如，由战争和自然灾害等造成的损失），运行者也支付上述情形的保险费用，这些费用被保存在特殊的核损失基金中，该基金的数额到 2001 年 12 月 31 日为止已经达到 2.76 亿 CHF。瑞士目前正在讨论一旦处置库被密封或者遇到某些情况时，是否能将责任从最终处置场的运行者移交给政府。

8.15.7.2　制度管控

联邦政府于 1999 年成立了关于放射性废物处置概念的专家组，目的是为了提出各种各样的放射性废物处置概念，专家组提出了他们的结论，概括如下：地质处置是能够保证长期安全的唯一的放射性废物处置方法（达 100 000 年以上）；并且以后有可能回取。因此专家组提出了进行长期地质处置的概念，该概念把可回取性和最终处置结合起来，作为该结论的结果，将监控、控制和可回取性的要求组成了一个新起草的《核能法》，目前该法律正在考虑之中。

8.15.7.3　档案保存

在瑞士，关于所有放射性废物的数据都保存在一个名叫"ISRAM"的标准的、分散的计算机系统中。这些数据包括关于废物包装的结构和材料类型以及它们的放射性总量的信息，要求废物的产生者以及运输废物的组织将这些废物登记到 ISRAM 里，要求记录的复印件一直保存到废物被转给负责最终处置的机构，被要求保存的信息按照法规的要求正式化，ISRAM 并不是可以公开接近的，它是以一种分散的形式保存的，例如，负责特殊废物包装的每个业主或个人都被要求将他们的废物数据输入到他们当地的 ISRAM 数据库中。一旦将这些废物移交给负责最终处置的组织，根据法规方针 HSK-R-21/e 的要求，必须将 ISRAM 的数据和最终处置库（规划、处置概念和安全概念）的细节进行保存以便后代使用。然而由于瑞士的地质处置库项目仍然处于发展的初级阶段，目前还没有建立必要的信息细节和保存档案的方法。

附：中英文缩写对照

缩写	英文全称	中文
BFE/HSK	Swiss Federal Office of Energy/Federal Nuclear Safety Inspectorate	瑞士联邦能源办公室
KSA	Swiss Federal Nuclear Safety Commission	瑞士联邦核安全委员会
KNE	Geological Commission on Radioactive Waste Disposal	放射性废物处置地质委员会
NAGRA	National Cooperative for the Disposal of Radioactive Waste	放射性废物处置的国家合作委员会
SNF/HLW	Spent Nuclear Fuel/High-level Radioactive Waste	乏燃料/高放废物

第 9 章 ◇

国外放射性废物管理组织机构比较分析与启示

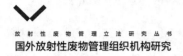

9.1 国外放射性废物管理组织机构体系比较分析

通过对美国、英国、法国、俄罗斯和德国等其他国家放射性废物管理组织机构体系的分析，可以看到其具有诸多共同点，包括责任明确的组织体系、统一且强有力的管理与执行机构、完善的资金保证机制等。特别是各国对放射性废物处置高度重视，通过专门立法设立执行机构、界定组织机构责任和建立资金保障机制。

（1）明确放射性废物处置的国家责任

放射性废物处置安全的长期性和系统性决定了处置的最终责任必须由国家承担。放射性废物的潜在危害可持续几百年到上万年，甚至百万年，保护后代、不给未来人类造成不当负担是放射性废物管理的基本原则之一。同时，放射性废物从产生、处理、贮存，到处置及处置后的长期监护，涉及环节多、周期长、管理层级繁杂、系统性强。需要国家统筹规划实施。美国、法国、俄罗斯、英国和德国等国家均由政府组成部门统一负责国内放射性废物的管理工作，承担国家在放射性废物处置方面的责任，制定和组织实施放射性废物处置政策、规划。具体的实施和执行工作由执行机构承担。

同时，各国都采取立法和政策执行、监管、执行三分离的原则进行机构设置，还设立了独立的咨询监督机构和资金管理机构，组织管理体系较完整。

（2）设立统一的高层级执行机构

各国均在政府和废物产生者之间设立专门机构统一负责全国高放废物或全部放射性废物的管理和处置工作，其类型包括政府组成部门、公共机构、国有独资公司和各核电集团公司联合成立的私营公司，如美国能源部负责全国高放废物和超 C 类低放废物的处置，其他低放废物的处置由各州政府负责。法国成立国家放射性废物管理局，由法律和政府授权负责法国全部类型放射性废物处置的规划编制与实施。

美国、英国、法国、俄罗斯和德国都设有职责明确的执行机构，负责直接管理放射性废物治理工作，管理力量强大。人员少则数十人，多则数百人，并且在相关研究开发上都起着领头和组织实施的关键性作用。

（3）完善的资金保证和筹措机制

各国都建立了完善的资金制度，并设立了筹资机制和资金管理机构，基金基本都由废物产生者（核设施运营企业）筹集。其形式包括废物管理基金（如美国、日本、芬兰、瑞典等）、单独设立账户的专项基金（如法国等）、储备金（如俄罗斯等列入国家预算）、信托基金（如加拿大等）等。资金主要来自核电公司预提、放射性废物处置收费等，由监管机构（如瑞典）、管理机构（如俄罗斯）、执行机构（如法国）或第三方（如日本）负责管理。

（4）专业化与市场化的运营模式

各国执行机构均通过发包或单独签订商业合同等方式，将处置设施的整体运营活动或某项专业活动交由专业化公司实施。如美国能源部与商业公司签订 WIPP 的运营合同；法国废物管理机构采取招标发包形式将处置运营中的相关活动外包给专业公司；英国通过多级承包与专业公司签署管理和运营合同；俄罗斯处置场属国家运营者（执行机构）所有，相关活动由专业化公司承担；德国废物处置活动则由废物处置建造与运行公司总承包。

法国放射性废物处置管理模式是完善我国放射性废物处置组织机构体系的有益借鉴。法国与我国类似，都有完善的核工业体系，放射性废物管理涉及的各方主体的性质相近。其放射性废物的主要产生者为 EDF、AVERA 和部分 CEA，与我国各核电集团公司、核燃料循环设施和军工设施均属于国家所有。法国放射性废物类型近乎相同、存量相当。法国现有 58 个核电机组，与我国在运、在建核电机组总量相当。法国放射性废物处置组织机构体系完善、成熟，是国际上良好的成功示范，已安全处置 100 多万 m^3 放射性废物。

9.2　借鉴与启示

由于美国、英国、法国、俄罗斯、德国与我国在具体国情、立法习惯、立法角度、管理体制和经济条件等诸多方面有较大差异，不能简单评断各国放射性废物管理组织机构体系孰优孰劣，但却可以互相学习、取长补短。根据美国、英国、法国、俄罗斯和德国在乏燃料和放射性废物管理方面的共性特点，针对我国的实际情况提出可资借鉴的启示，为进一步完善我国乏燃料和放射性废物管理组织机构体系、加快推进放射性废物处置进展提供重要参考。

（1）完善放射性废物管理相关立法

我国相关法律规范对有关部门职责的规定不是很明确，也未对放射性废物处置资金安排做出明确规定。因此，要根据新形势变化，建立健全相关立法，在后续立法工作中，注重加强法规内容的可操作性，也可以通过制定或修改相关导则和标准，将法律法规中的规定具体化、明确化。可借鉴美国、法国、俄罗斯和德国等国家的做法，在法律法规中明确管理机构相关职责、处置资金来源和分配方式等有关内容。

（2）加强放射性废物管理的顶层设计

与美国、法国、俄罗斯等国家相比，我国缺乏一个对全国放射性废物管理的顶层设计。及早做好国家放射性废物管理的顶层设计是非常必要的。为此，应站在国家高度、平衡各方利益、凝聚共识、统筹全局、统一规划放射性废物的安全管理工作。并且，在充分总结我国放射性废物处理处置实践的基础上，将行之有效、措施得当的一些做法，以法律形式固定下来。

（3）强化政府管理和执行机构的力量

在我国，参与放射性废物管理的管理机构包括三个层次：第一层次是由国防科工局、财政部、生态环境部、交通部、卫生健康委等政府有关部门构成的宏观管理层；第二层次是由核工业集团公司、中国工程物理研究院、中国广核集团公司等构成的中间管理层；第三层次是由治理项目承担单位构成的任务执行层。其中，不同层次的相关部门和单位有不同的职责和任务。各相关管理部门比较独立，缺乏统一协调机制，专门机构的人员比例较小。参照美国和法国等国家的管理经验，结合我国当前国情，应强化政府管理力量，加强规划实施的组织领导工作，加强资源配置，国家有关部门要按照各自职责积极配合。同时，明晰执行机构的职责和分工，壮大执行机构管理规模，吸引并留住优秀的管理人才，避免高端人才流失，做好有效统筹，利用一切可利用的优势资源，提升放射性废物管理工作效率。

（4）推进放射性废物治理市场化、专业化运作

在我国，项目实施单位既是法人又是项目执行者，项目管理和运作中没有真正采取市场化手段，专业化公司尚未真正形成，市场和资源需要大力培育。因此，应学习借鉴国外在放射性废物治理方面项目管理的手段，在放射性废物治理项目管理模式上下功夫，按照"企业化的方向、市场化的路子、专业化的队伍"的要求，改革当前管理体制和运行机制，适度引入市场竞争机制，鼓励研究院所和企业采取"请进来、走出去"办法，加强合作研发，让社会资源和有实力的企业能够参与到放射性废物管理工作中来。

9.3 关于完善我国放射性废物管理组织机构体系的建议

放射性废物与核事故并列为影响核能发展的两大主要安全问题，放射性废物的潜在危害可持续几百年到上万年乃至百万年，其处置涉及代际公平和长期安全。我国放射性废物管理工作始于核工业发展之初，经过半个多世纪的发展，在体制机制建设、法规标准制定

和技术研发等方面取得一定进展。但随着核能快速发展，各类放射性废物产生量急剧增加，低放废物处置能力严重不足、中放废物处置尚未开展研发、高放废物处置研发力量不足等问题愈显突出。从组织机构体系建设角度，主要原因是对放射性废物管理工作认识不到位、重视程度不够，政府部门内设的管理部门层级低、人员力量薄弱，且缺少执行机构。为此提出完善我国放射性废物组织机构体系的建议，以加快推进放射性废物管理工作进展。

9.3.1　我国放射性废物管理组织机构体系存在的主要问题

我国核电在运、在建机组总量已居世界第二位，而且还在快速增长，已经并将继续产生大量放射性废物，部分核电机组废物积存量已超出暂存库设计容量。核技术利用发展迅速，废放射源约 20 万枚。历史积存的各类长寿命中放废物近万立方米，高放废液上千立方米。核设施的陆续退役还将产生更大量的放射性废物。目前，我国在运的低放废物处置场仅有 2 座，且其建造目的是处置军工遗留废物，核电厂放射性废物处置能力近乎空白，放射性废物贮存风险的与日俱增和废物处置能力的持续不足的矛盾日益突出。我国放射性废物组织机构体系存在的主要问题如下：

（1）国家政府部门层级低、人员少。

根据《放射性污染防治法》和《放射性废物安全管理条例》的要求，国务院核工业行业主管部门依照其职责负责放射性废物的管理工作，负责组织编制放射性废物处置场所选址规划和组织实施深地质处置设施的工程和安全技术研究、地下实验、选址和建造，国务院环境保护主管部门负责全国放射性废物的安全监督管理工作。国务院核工业行业主管部门和国务院环境保护主管部门中主要承担放射性废物管理职能的部门均为处级机构，人员只有 3～4 人。与其所承担的职责相比，管理部门的层级低、人员力量严重不足。

（2）国家放射性废物管理执行机构缺失。

我国高放废物地质处置研发工作已开展 30 多年，至今尚未明确执行机构，推进不力。为此，2018 年正式实施的《核安全法》要求高放废物深地质处置由国务院指定单位专营。中放废物处置技术路线刚刚明确，尚未设立执行机构，选址与相关研发工作均处于起步阶段。现有的低放废物处置执行机构为核电集团下属企业，层级低、人员力量分散，选址工作推进困难。

（3）省级地方政府放射性废物处置责任未落实。

《放射性污染防治法》规定，有关省级地方人民政府应当根据放射性固体废物处置场所选址规划，提供放射性固体废物处置场所的建设用地，并采取有效措施支持放射性固体废物的处置。《核安全法》进一步明确了地方政府的相关责任。由于有关省级地方政府认识不足、履职不积极，致使低放废物处置场选址艰难，与当地核电发展不相适应。

9.3.2 国外放射性废物管理组织机构情况

美国、法国、俄罗斯、英国、德国、日本、韩国、加拿大等有核电国家均通过对放射性废物管理或处置立法，明确政府责任，设立专门的国家执行机构，稳步、有序推进处置工作进展。

各国放射性废物处置执行机构情况见表 9-1，放射性废物监管机构情况见表 9-2。

表 9-1 各国放射性废物处置执行机构情况

国家	政府部门	执行机构	执行机构人员	运营模式	经费
美国	能源部 州政府	能源部环境管理办公室和核能办公室，以及地区办事处	420 人	与专业公司签订运输、设施运营合同，如 WIPP	政府年度预算；核废物基金
法国	生态、可持续发展与能源部	国家放射性废物管理局（ANDRA）	606 人	发包专业公司	来自废物产生单位和税费等的废物基金
俄罗斯	国家原子能公司	放射性废物管理国家运营组织（NO RAO）	150 人	专业公司运营，如 NO RAO、RosRAO 等	原子能公司储备金
英国	环境、食品与农业事务部（DEFRA）	核退役管理局（NDA）	230 人	专业公司运营	政府财政预算和商业活动
德国	环境、自然保护、建筑和核安全部（BMUB）	放射性废物处置联邦公司（BGE）	188 人	废物处置设施建造和运行公司（DBE）总承包	政府预算，废物产生者交付资金

表 9-2 各国放射性废物监管机构情况

国家	监管机构	监管人员	经费
美国	核管会 核材料安全与安保部（1/5）	约 15 人	政府年度预算
法国	法国核安全局 废物、研究设施和燃料循环部（1/8）	约 8 人	政府预算
俄罗斯	联邦环境、工业与核监督局 核安全与安保部（1/3）	约 10 人	政府预算
英国	核监管局（ONR）、环保局（EHS）和健康安全局（HSE）	约 10 人	政府预算
德国	BMUB 联邦放射性废物管理署（BfE）	约 30 余人	政府预算

（1）明确放射性废物处置的国家责任。

放射性废物处置安全的长期性和系统性决定了处置的最终责任必须由国家承担。有核电大国均在政府部门中设立高层级部门统一负责国内放射性废物的管理工作，承担国家在放射性废物长期处置方面的责任，制定和组织实施放射性废物管理相关政策和规划。美国通过立法明确联邦政府和州政府责任。

（2）设立专门的放射性废物管理执行机构。

各国均在政府和废物产生者之间设立专门执行机构，统一负责放射性废物或高放废物的管理工作。执行机构类型包括政府组成部门、公共机构、国有独资公司和各核电集团公司联合成立的私营公司。如法国成立国家放射性废物管理机构，通过法律和政府授权，负责法国各类型放射性废物的管理工作，包括工程研发、设施选址、建造和运营等。同时，国家通过设立放射性废物处置基金、建立专门账户、提供准备金等方式，确保执行机构日常运作和开展放射性废物管理相关工作所需资金。

9.3.3 完善我国放射性废物管理组织机构体系的建议

基于我国放射性废物管理现状和组织机构体系存在的问题，借鉴国外特别是法国放射性废物管理组织机构体系的良好经验，提出了我国放射性废物管理组织机构体系框架建议，如图 9-1 所示。

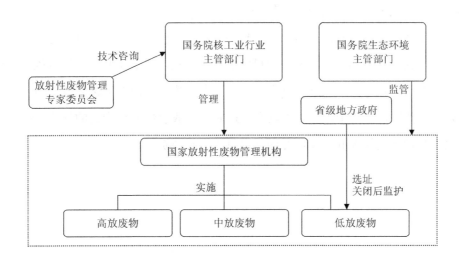

图 9-1 建议的我国放射性废物管理组织机构体系

（1）提升国家政府放射性废物管理部门层级，增加人员。

在国务院核工业行业主管部门内新设立司级部门，人员编制 20 人左右，专门负责全国放射性废物处置前与处置工作的顶层设计、总体布局、统筹协调、整体推进、督促落实，组织编制国家放射性废物管理规划和放射性废物处置场所选址规划，组织实施放射性废物处置的研发、选址、建设、运营和关闭等各阶段工作。

增设放射性废物管理专家委员会，作为国务院核工业行业主管部门在放射性废物管理方面的常设技术咨询机构，负责放射性废物管理国家规划和相关重大项目的技术咨询与评审。

国务院生态环境主管部门，增强放射性废物安全监管人员与技术力量，强化对放射性废物管理国家执行机构和设施的监管，参与放射性废物管理国家规划和放射性废物处置场所选址规划的编制，并负责督察省级地方政府在放射性废物处置方面的履职情况。

（2）设立国家放射性废物管理机构。

在国务院核工业行业主管部门下设立国家放射性废物管理机构，人员编制200人以上。该机构为国家放射性废物管理的执行机构，行使低放、中放和高放废物处置设施业主单位职能，性质为事业单位。该机构负责编制国家放射性废物管理规划和放射性废物处置场所选址规划，具体承担放射性废物管理工作，特别是低水平、中水平、高水平放射性废物处置的实施工作。

（3）落实省级地方政府放射性废物处置责任。

已有或拟建核电厂的省级政府，应积极履行《核安全法》和《放射性污染防治法》规定的职责，研究提出在其行政区域内建设低放废物处置场或送交其他处置场处置的建议，并参与国家低放废物处置场所选址规划的编制。省级政府应根据国家低放废物处置场所选址规划，提供处置场建设用地，并采取有效措施支持放射性固体废物的处置；或与其他省级政府签订废物送交处置的协议，并向其提供生态补偿费。

附 录

> 实施放射性废物和乏燃料废物库计划的管理者的形象和作用的演变

Judith Melin

瑞典核动力检察署，董事长

将核动力作为其能源策略的国家将具有长期的义务。该义务主要不在于能源生产，而是在建造、能源生产、退役等各阶段保持安全的义务，以及对核设施产生的废物流的关注。

我相信社会上最具有争议的选址项目是乏燃料处置场的选址项目。选址项目获得良好结果不可或缺的条件包括：能力、可提供的资金、各利益相关者的明确的责任以及公众的信任等。在管理核废物以及乏燃料方面，瑞典开展的相关活动有 25 年之久。

颁发乏燃料处置场许可证前的程序与颁发第一座核电厂许可证前的程序具有很大的相似之处。需要具有良好的政治意愿，所开展的活动不能危及核活动管理者的管理体系，并且，应该有资金开展研究并进行投资。然而，政治家以及企业对这两个项目可能有着不同的积极性。

需要循序渐进的过程

纵观迄今为止这方面的活动，可以很明显地看到，寻找一种处置方法及处置场的选址是一个循序渐进的过程，其中包括议会、政府、中央的相关部门、企业以及地方政府的决策。该活动起始于对几个方案的广泛研究。随着知识和经验的积累，该范围会逐渐变窄。

这里，我介绍一个例子，看这样一个循序渐进的过程在瑞典是如何进行的。

议会和政府的决策：

1972 年，第一座商业反应堆投入运行。核企业接受了一项任务，即迅速找到一个最终处置乏燃料的方法。

1977 年，议会要求另外的核电站投入运营的前提条件是企业应为乏燃料的最终处置提供完善的安全方法，即颁布了"协议条件法令"。

1984 年，议会颁布了新法令（核活动法令）。根据该法令，相应采取了四项决定：

（1）"完善的安全方法"的要求被改为"关于安全和辐射防护的可接受的方法"。

（2）企业应该提供研究、开发及示范（RDD）计划。每隔 3 年，政府应该对 RDD 内容进行审查。

（3）企业应该估计所需的资金，并且应该筹措目前以及将来乏燃料处置所需的资金。所需的资金应该经过 SKI 的评估并且由政府控制。

（4）所有的资金筹措以及乏燃料处置场的选址和方法确定均由乏燃料产生者/核电厂许可证持有者负责。

在瑞典的废物管理战略中规定，应该防止向后代转移任何负担。该目标是瑞典政府决定的。

1984 年的法令以及防止向后代转移任何负担的目标设定了利益相关者的活动框架。

方法：

自从 20 世纪 80 年代中期，核工业对于乏燃料所持的主要管理策略是将其直接处置在岩床中。然而，几年前，瑞典核动力检察署（SKI）、瑞典辐射防护部（SSI）和政府才宣布他们相信由企业开发的方法，即 KBS-3 方法将能够满足管理要求。

选址：

根据核法令的明确规定，核设施许可证持有者有责任采取所有措施，以确保安全处理

及最终贮存核活动中产生的核废物。当然，法令没有通过法令本身要求公众接受乏燃料处置场的选址结果。很明显，在民主制度下，选址过程中志愿行动是必要的条件。

因此，为了完成它们的责任，股份制的核工业企业，即 SKB 于 1992 年邀请（大约 90 个）瑞典市政当局参加选址活动。从 1992 年开始，瑞典总计已经在 8 个市政领地内开展了可行性研究，其中有两个市政当局在活动开始之初就决定退出该活动。到 2001 年年底，在可行性研究的基础上，SKB 提出了 3 个进一步研究的场址。SKI 对可行性研究进行了评审；根据 SKI 的建议，政府决定可以继续开展场址调查。在审管机构评审以及政府作出决定后，两个市政当局决定继续参加下一阶段的场址调查活动。

在长达 10 年的场址调查活动期间，所有参与的市政当局对核企业所进行的场址调查的每个阶段都给出了赞同意见。随着选址活动的进行，对开展协商和由利益相关者（以及市政当局）参与的需要变得越来越明显。企业和管理者所做的声明应由公众予以评估。在这 10 年期间，瑞典核动力检察署及瑞典辐射防护部等责任部门将支持并参与与市政当局的对话这一任务排到了优先位置。同时，市政当局对各部门的要求提高，要求这些部门作为人民的专家以积极的角色参与环境影响评价，同时作为许可证颁发部门要保持自身的完整性。

安全和辐射防护要求：

几年前，颁布了有关安全和辐射防护方面的一般性管理条例：

（1）技术方法应该包括几个被动屏障。设施的安全不能仅依赖于一道安全屏障。KBS-3 提出的屏障概念由燃料、容器、膨润土和岩石组成。

（2）从屏障中的渗漏不能超过辐射防护要求。这些要求十分严格。与当今人类从核动力所受到的剂量相比，建造的处置场对人类造成的额外的剂量负担应该是可以忽略的。

（3）建筑物必须能够承受外部事件干扰：地震、冰川及人类活动。

（4）除上述几点外，安全分析应该包括评价的不确定度和因缺乏某些领域的知识而造成的不确定度。

（5）应该进行环境影响评价。

这些只是一般性要求，更详细的要求将在设施建造和许可证颁布过程中规定。

来自四个方面的挑战

在乏燃料处置场许可证颁发过程中，社会必须面临与渐进过程有关的来自四个方面的挑战。

经济方面的挑战：应该提供相应的资金，该资金作为乏燃料最终处置场的研究、开发、建造和运营的所有成本。在瑞典，这些成本被内在化了，即核电生产成本中包含了这些成本。基于能源生产的费用构建了这项资金。该项资金由某政府部门管理。基于企业的计划和预算，SKI 的任务是核准企业为将来的研究、开发、建造和运营等活动而计算的成本。根据这些估算，政府对费用的规模做出建议。该基金建立于 1992 年，到 2003 年其总额已达到 300 亿瑞典克朗（约 30 亿欧元）。每一座反应堆为此基金付费 25 年。这意味着将付费到 2010 年，届时最新建造的反应堆运营时间达到 25 年。

安全方面的挑战：技术方案和开发它们所用的方法必须达到必要的质量，以满足安全分析中管理者的要求，显然也向管理者提出了一个课题。

科学方面的挑战：在这方面遇到的挑战是需确定在处置场的安全－辐射防护－环境分析中需要考虑的所有可能的因素。例如，这可能意味着要考虑化学和生物环境对处置场的影响。在瑞典，这项任务由许可证持有者完成。由管理者对得到的结果进行评估。因此，必须实实在在地开展研究活动，以便确定科学方面的挑战并回答提出的所有问题。根据瑞典核法令，企业应该每隔 3 年向政府报告他们在乏燃料处置场方面开展的研究、开发、验证活动及发现。在政府采取任何决策前，管理部门对这些活动进行评估。

民主方面的挑战：让所有利益相关者参与是最重要的。这不只是信息通报方面的问题，同时，它也是教育和交流方面的问题。该过程中的决策必须透明，并且在该过程中必须有公众及各层面的政治家参与。对准备参加选址活动的市政当局来说，为了使他们决定是否接受乏燃料处置场的建立，能够获得他们所需的所有回答是很重要的。另外，市政当局必须有能力理解许可证持有者提交的、经管理部门评审的有关建议的安全分析。重要的一点是管理者准备以独立者的身份代表公众支持市政当局。

我们必须铭记：作为核安全管理者，我们有着为公众服务的任务。我们被公众视作核设施安全方面的保证者。我们的目标是让公众信任我们的工作以及所作出的判断。

信任意味着在专业知识、自主和交流方面的投资

我必须强调，信任只能通过验证专业知识、独立以及与公众良好的交流来获得。

很明显，为了使公众相信我们保持并提高安全所采取的行动和政策，最基本的要求是公开我们所做的决策和考虑。

公开意味着积极

我们必须认识到，了解权力部门或政府文件的权利只是公开的一个方面。公开还包括将我们的决策、政策、失误或安全方面的其他问题积极地通知公众。公开也是准备回答公众或组织提出的问题，并与公众或组织就相关问题进行讨论或交换意见。我们（SKI）作为管理者参加交流的重要性已经由瑞典政府在拨款通知书的陈述中得到强化，即 SKI 的一项主要任务是向公众汇报和通知有关信息。

可能会提出的问题是公开是否可以提高核设施的安全。我说答案是肯定的。您可以看到，公众像检查者一样检查我们作为管理机构所做出的决策。我们必须铭记，与利益相关者就安全问题进行不间断的讨论将会大大提高我们决策的质量，并且丰富我们的知识和经验。然而，重要的现实是公开活动不能在今天到明天的短时间内办到，它对信任产生影响时将需要好多年。在瑞典，我们通过立法得以有一个超过 200 年的"透明政府"。

在信任方面的投资

信任意味着您必须投资使自己成为独立的管理者，并使自己能以公开的态度及一定的才干和能力去评审企业所做的安全评价。您也必须进行在审管能力方面投资使自己成为外延工业方面专家。同时管理者必须向利益相关者和普通公众敞开大门。您也应该努力学习明确地表述了企业和管理组织之间责任的立法框架。

当我们能够战胜所有挑战（这些挑战也涉及企业、管理者和公众），我们就很有可能为乏燃料处置场找到可接受的场址及方法。